★ 高等学校电子信息类规划教材

《微型计算机原理与应用(第二版)》

学习指导及习题集

许录平　楼顺天　王丽娟　编著

西安电子科技大学出版社

内 容 简 介

本书是与西安电子科技大学出版社出版的《微型计算机原理与应用(第二版)》(王永山等编著)教材配套的学习指导及习题集。该书在章节安排上与教材相一致,其内容包括学习要点、典型例题和习题,并在附录中给出了常用并行接口芯片 8255A、部分习题的参考答案及一份课程模拟试题。

该书可作为"微机原理与系统设计"、"微机原理与程序设计"等相关课程的参考书,也可作为研究生入学考试复习指导书。

图书在版编目(CIP)数据

《微型计算机原理与应用(第二版)》学习指导及习题集/许录平,楼顺天,王丽娟编著.
—2 版. —西安:西安电子科技大学出版社,2001.9(2017.3 重印)
高等学校电子信息类规划教材
ISBN 978 - 7 - 5606 - 0398 - 8

Ⅰ. ① 微… Ⅱ. ① 许… ② 楼… ③ 王… Ⅲ. ① 微型计算机-高等学校-教学
参考资料 Ⅳ. ① TP36

中国版本图书馆 CIP 数据核字(2015)第 033547 号

策 划 夏大平
责任编辑 戚文艳 夏大平
出版发行 西安电子科技大学出版社(西安市太白南路 2 号)
电 话 (029)88242885 88201467 邮 编 710071
网 址 www. xduph. com   电子邮箱 xdupfxb001@163.com
经 销 新华书店
印 刷 陕西大江印务有限公司
版 次 2001 年 9 月第 1 版 2017 年 3 月第 6 次印刷
开 本 787 毫米×1092 毫米 1/16 印张 6.5
字 数 149 千字
印 数 21 001~22 000 册
定 价 12.00 元

ISBN 978 - 7 - 5606 - 0398 - 8/TP · 0516

XDUP 0668012 - 6

前　　言

　　《微型计算机原理与应用》一书自 1991 年 12 月由西安电子科技大学出版社出版至今 9 年多来，已发行了 6 万余册。该书已被全国近 20 所高校长期使用，并得到了广大授课教师、学生及从事计算机软、硬件开发的科研人员的一致好评。作为全国高等学校电子信息类规划教材，该书经修订于 1999 年 12 月出版第二版。为便于教学及配合新版教材，根据多年的实际教学经验，编写了这本学习指导及习题集。书中采用与教材章节一致的内容编排方式，并遵循原教材面向教学和面向应用相结合的指导思想，除了对各章的学习要点进行总结外，以典型例题的形式给学生学习上以详细指导，使学生对所学内容有比较全面的了解。给出与教材内容相配合的习题（其中部分习题取自教材的第一版）和部分习题的参考答案，供学生练习使用。考虑到科技工作者的实际需要，增加了有关 8255A 的内容介绍。附上一份课程模拟试题，帮助学生检验学习效果。

　　本书第 1～5 章和附录 A 由楼顺天编写，第 7～9 章由许录平编写，第 6、10、11 章由王丽娟编写。全书由许录平统稿。

　　本书在立项、编写和定稿过程中，承蒙教材主编王永山教授提出了许多宝贵意见，在此表示诚挚的感谢。由于我们水平有限，书中难免有错误和不妥之处，殷切希望广大读者批评指正。

编　者

2001 年 5 月

目　录

第1章 微型计算机系统概述

　　要求熟悉微型计算机系统的硬件组成和基本工作方法，以及微型计算机的软件和操作系统。了解计算机的硬件组成结构、Intel 微处理器的主要成员、系统总线的概念。理解微型计算机的基本操作过程以及指令、程序等基本概念。理解操作系统的重要作用，掌握 DOS 基本命令的使用。

1.1 习　　题

1. 简述微型计算机系统的组成。
2. 简述计算机软件的分类及操作系统的作用。
3. CPU 是什么？写出 Intel 微处理器的家族成员。
4. 写出 10 条以上常用的 DOS 操作命令。

第2章 计算机中的数制和码制

要求掌握计算机中数制和码制的基础知识，主要包括各种进制数的表示法及相互转换、二进制数的运算、有符号二进制数的表示方法及运算时的溢出问题、实数的二进制表示法、BCD 编码和 ASCII 字符代码等内容。重点掌握各种进制数的表示及相互转换、有符号数的补码表示及补码运算。

2.1 学习要点

1. 任意进制数的表示

任意一个数 N 可表示成 p 进制数：

$$(N)_p = \sum_{i=-m}^{n-1} k_i p^i$$

其中，$k_i = 0, 1, \cdots, p-1$，数 N 表示成 m 位小数和 n 位整数。

2. 数制之间的转换

十进制数到任意进制数（设为 p 进制数）的转换规则：
(1) 整数部分：N 除以 p 取余数。
(2) 纯小数部分：N 乘以 p 取整数。
任意进制数（设为 p 进制数）到十进制数的转换规则：按权展开。

3. 二进制数的算术运算

二进制数的运算规则：逢二进一，借一当二。

4. 二进制数的逻辑运算

二进制数的逻辑运算有四种：AND(与)、OR(或)、NOT(非)、XOR(异或)运算，其特点是按位运算，即本位的运算结果不会对其它位产生任何影响。

5. 有符号数的补码表示

对于任意一个有符号数 N，在机器字长能表示的范围内，可分两步得到补码：

（1）取 N 的绝对值。

（2）如果 N 为负数，则对其绝对值中的每一位（包括符号位）取反，并在最低位加1。这样就得到了有符号数 N 的补码。

6. 补码运算规则

补码运算规则：

(1) $[x+y]_补 = [x]_补 + [y]_补$ $(\mathrm{mod}\ 2^n)$

(2) $[x-y]_补 = [x]_补 - [y]_补$ $(\mathrm{mod}\ 2^n)$

(3) $[x-y]_补 = [x]_补 + [-y]_补$ $(\mathrm{mod}\ 2^n)$

(4) $[x]_补 - [y]_补 = [x]_补 + [-y]_补$ $(\mathrm{mod}\ 2^n)$

一般称已知 $[y]_补$ 求得 $[-y]_补$ 的过程为变补或求负。其规则为

$$[-y]_补 = \overline{[y]_补} + 1$$

这可以直接采用 NEG 指令完成。

7. BCD 编码

用4位二进制数表示1位十进制数，这种表示方法称为 BCD（编）码。最常用的编码方法是采用4位二进制数的前10种组合来表示0～9，这种编码方案称为8421BCD 码。

当让计算机处理 BCD 码时，应对计算结果进行适当的修正。对加法运算应采用"加6修正"，对减法运算应采用"减6修正"，其规则总结如下：

（1）两个 BCD 码位相加（相减）无进（借）位时，如果结果小于或等于9，则该位不需要修正；如果结果大于9，则该位进行加6（减6）修正。

（2）两个 BCD 码位相加有进（借）位，则该位进行加6（减6）修正。

（3）低位修正结果使得高位大于9，则高位进行加6（减6）修正。

8. 常用字符的 ASCII 码

数字0～9：30H～39H；字母 A～Z：41H～5AH；字母 a～z：61H～7AH；空格：20H；回车(CR)：0DH；换行(LF)：0AH；换码(ESC)：1BH。

2.2 习　　题

1. 将下列十进制数转换成二进制数：

（1）49

（2）73.8125

（3）79.75

2. 将下列二进制数转换成十六进制数：

（1）101101B   （2）1101001011B

（3）1111111111111101B   （4）100000010101B

(5) 1111111B   (6) 10000000001B

3. 将十六进制数转换成二进制数和十进制数：

(1) FAH   (2) 5BH

(3) 78A1H   (4) FFFFH

4. 将下列十进制数转换成十六进制数：

(1) 39

(2) 299.34375

(3) 54.5625

5. 将下列二进制数转换成十进制数：

(1) 10110.101B

(2) 10010010.001B

(3) 11010.1101B

6. 计算(按原进制运算)：

(1) 10001101B+11010B   (2) 10111B+11100101B

(3) 1011110B−1110B   (4) 124AH+78FH

(5) 5673H+123H   (6) 1000H−F5CH

7. 已知 a=1011B，b=11001B，c=100110B，按二进制数完成下列运算，并用十进制数运算检查计算结果：

(1) a+b   (2) c−a−b

(3) a×b   (4) c/b

8. 已知 a=00111000B，b=11000111B，计算下列逻辑运算：

(1) a AND b   (2) a OR b

(3) a XOR b   (4) NOT a

9. 设机器字长为 8 位，写出下列各数的原码和补码：

(1) +1010101B   (2) −1010101B

(3) +1111111B   (4) −1111111B

(5) +1000000B   (6) −1000000B

10. 写出下列十进制数的二进制补码(设机器字长为 8 位)：

(1) 15   (2) −1

(3) 117   (4) 0

(5) −15   (6) 127

(7) −128   (8) 80

11. 设机器字长为 8 位，先将下列各数表示成二进制补码，然后按补码进行运算，并用十进制数运算进行检验：

(1) 87−73   (2) 87+(−73)

(3) 87−(−73)   (4) (−87)+73

(5) (−87)−73   (6) (−87)−(−73)

12. 已知 a、b、c、d 为二进制补码：a=00110010B，b=01001010B，c=11101001B，d=10111010B，计算：

(1) a＋b   (2) a＋c

(3) c＋b   (4) c＋d

(5) a－b   (6) c－a

(7) d－c   (8) a＋d－c

13. 设下列四组为 8 位二进制补码表示的十六进制数,计算 a＋b 和 a－b,并判断其结果是否溢出:

(1) a＝37H, b＝57H   (2) a＝0B7H, b＝0D7H

(3) a＝0F7H, b＝0D7H   (4) a＝37H, b＝0C7H

14. 求下列组合 BCD 数所对应的二进制数和十六进制数:

(1) 32   (2) 79

15. 将下列算式中的十进制数表示成相应的组合 BCD 码并进行运算,然后用加 6 或减 6 修正其结果:

(1) 38＋42   (2) 56＋77

(3) 99＋88   (4) 34＋69

(5) 38－42   (6) 77－56

(7) 15－76   (8) 89－23

16. 将下列字符串表示成相应的 ASCII 码(用十六进制数表示):

(1) Example 1   (2) XiDian University

(3) －108.652   (4) How are you?

(5) Computer   (6) Internet Web

17. 将下列字符串表示成相应的 ASCII 码(用十六进制数表示):

(1) Hello   (2) 123<CR>456(注:<CR>表示回车)

(3) ASCII   (4) The number is 2315

第3章 微机系统中的微处理器

要求了解微型计算机系统中的核心部件微处理器(CPU)。通过了解 CPU 的内部和外部结构，理解微处理器级总线(地址总线、数据总线和控制总线)的概念；通过学习 CPU 的功能结构，掌握 CPU 中两个独立单元(执行单元 EU 和总线接口单元 BIU)的并行执行过程；通过学习 8086 的寄存器结构，掌握汇编语言程序设计所需要的 14 个寄存器；通过介绍 8086 的存储器组织与分段、I/O 端口地址空间等基本知识，了解 8086 CPU 与外围电路的关系。重点掌握数据的 8 种基本寻址方式和转移地址的 4 种寻址方式。

3.1 学 习 要 点

1. 微处理器的内部结构

从微处理器(也称中央处理单元，即 CPU)的内部结构，可以了解 CPU 的工作过程，这对掌握汇编语言的编程是很有好处的。

典型的微处理器内部结构可分成 4 个组成部分：

(1) 算术逻辑运算单元(ALU)：CPU 的核心，完成所有的算术和逻辑运算操作。

(2) 工作寄存器：用于暂存寻址信息和计算中间结果。

(3) 控制器：CPU 的"指挥中心"。在它的控制下，CPU 才能完成指令的读入、寄存、译码和执行。

(4) I/O 控制逻辑：处理 CPU 的 I/O 操作。

区分下列这些名词解析：程序计数器(PC，Program Counter)、指令寄存器(IR，Instruction Register)、指令译码器(ID，Instruction Decode)、控制逻辑部件、堆栈指针(SP，Stack Pointer)、处理器状态字(PSW，Processor State Word)。

2. 微处理器的外部结构

CPU 的引脚信号通过逻辑部件的处理和组合，构成了系统总线：

(1) 数据总线(16 位，注意，对 8088 CPU 而言，只有 8 位)：用于传送信息。

(2) 地址总线(20 位)：用于传送地址码，可寻址 $2^{20}=1$ MB 空间。

(3) 控制总线(16 条)：用于控制用户设计的各个逻辑部件。

在以 8086/8088 CPU 构成的系统中，存储器地址空间与端口地址空间分开，采用两个独立的地址空间：存储单元地址采用 $A_0 \sim A_{19}$ 编址，端口地址采用 $A_0 \sim A_{15}$ 编址。

3. 微处理器的功能结构

在功能上，8086/8088 CPU 由两个独立的逻辑单元组成：执行单元(EU)和总线接口单元(BIU)。EU 用于完成指令所要求的运算操作；而 BIU 用于完成指令地址计算和 CPU 通过系统总线访问存储器时的地址计算，也即由逻辑地址计算出物理地址。这两个单元是独立、并行执行的。

4. 寄存器结构

8086/8088 CPU 内部有 14 个 16 位的寄存器，它们可分为三组：通用寄存器(8 个)，段寄存器(4 个)和控制寄存器(2 个)。

5. 物理地址与逻辑地址

逻辑地址的表示形式为"段地址：偏移地址"，其相应的物理地址为：段地址×10H＋偏移地址。例如，0800：01A0 的物理地址为：0800H×10H＋01A0H＝081A0H。

6. 控制寄存器

控制寄存器有 2 个(16 位)：IP(Instruction Pointer)指令指针和 PSW(Processor State Word)微处理器状态字。

IP 相当于程序计数器 PC，用于保存下一条要执行指令的段内偏移地址。

PSW 中定义了 9 个标志位。其中，状态标志位 CF、AF、ZF、SF、OF 和 PF 用于表示上一次 CPU 运算操作的状态，控制标志位 DF、IF 和 TF 用于控制 CPU 的后续操作。

7. 存储器分段的基本概念

从存储器的最低端开始，每 64 KB 构成一个段，但每个能被 16 整除的地址都可以是一个新段的开始，因此，段与段之间是互相覆盖的。相邻两个段之间相差 16 个单元。

为了指示一个存储单元，除了需要指定偏移地址之外，还需要指出其段地址。任何一个汇编语言程序，虽然可以包含任意多个段，但当前使用的段只有 4 个，分别用 CS、DS、ES 和 SS 来指示。

8. 字存储格式

由于 8086 CPU 有 16 条数据总线，因此在理想情况下，一个总线周期可以读写一个字，但这要求字的存储是对准的，即低位字节存放于偶地址，相应的高位字节存放于相邻的奇地址。对于未对准存储的字需要 2 个总线周期进行读写。应该注意，对于 8088 CPU，由于它只有 8 位的数据总线，一个字无论怎样都需要 2 个总线周期。

对于 I/O 端口，也有类似的结论。

9. 寻址方式

在指令中，用于说明操作数所在地址的方法，称为寻址方式。寻址方式又可以分成数据的寻址方式(最常用的有 8 种)和转移地址的寻址方式(4 种)。

3.2 典型例题

例 3.1 有一块 120 个字的存储区域,其起始地址为 625A：234D,写出这个存储区域首末单元的物理地址。

解 存储区域的字节数为

$$2 \times 120 = 240 = 0F0H$$

首地址为

$$625AH \times 10H + 234DH = 648EDH$$

末地址为

$$648EDH + 0F0H - 1 = 649DCH$$

或者 $625AH \times 10H + (234DH + 0F0H) - 1 = 625A0H + 243DH - 1 = 649DCH$

例 3.2 两个十六进制数 7825H 和 5A1FH 分别相加和相减后,求运算结果及各标志位的值。

解 $7825H + 5A1FH = 0D244H$,AF=1,CF=0,ZF=0,SF=1,OF=1(当将 7825H 和 5A1FH 看作有符号数时,两个正数相加得到一个负数,结果显然是错误的。实际上,在运算过程中,次高位产生了进位而最高位没有产生进位,故运算产生溢出),PF=1(因为在 44H 中包含有偶数个 1)。

$7825H - 5A1FH = 1E06H$,AF=1,CF=0,ZF=0,SF=0,OF=0,PF=1。

$5A1FH - 7825H = 0E1FAH$,AF=0,CF=1,ZF=0,SF=1,OF=0,PF=1。

3.3 习 题

1. 微处理器内部结构由哪几部分组成？阐述各部分的主要功能。

2. 微处理器级总线有哪几类？各类总线有什么作用？

3. 为什么地址总线是单向的,而数据总线是双向的？

4. 8086/8088 微处理器内部有哪些寄存器？其主要作用是什么？

5. 如果某微处理器有 20 条地址总线和 16 条数据总线：

(1) 假定存储器地址空间与 I/O 地址空间是分开的,则存储器地址空间有多大？

(2) 数据总线上传送的有符号整数的范围有多大？

6. 将十六进制数 62A0H 与下列各数相加,求出其结果及标志位 CF、AF、SF、ZF、OF 和 PF 的值：

(1) 1234H   (2) 4321H

(3) CFA0H   (4) 9D60H

7. 从下列各数中减去 4AE0H,求出其结果及标志位 CF、AF、SF、ZF、OF 和 PF 的值：

(1) 1234H   (2) 5D90H

(3) 9090H   (4) EA04H

8. 什么是逻辑地址？什么是物理地址？它们之间的关系如何？

9. 写出下列存储器地址的段地址、偏移地址和物理地址：

(1) 2134：10A0

(2) 1FA0：0A1F

(3) 267A：B876

10. 给定一个数据的有效地址为2359H，并且(DS)＝490BH，求该数据的物理地址。

11. 在一个程序段开始执行之前，(CS)＝0A7F0H，(IP)＝2B40H，求该程序段的第一个字的物理地址。

12. 下列操作可使用哪些寄存器？

(1) 加法和减法   (2) 循环计数

(3) 乘法和除法   (4) 保存段地址

(5) 表示运算结果的特征   (6) 指令地址

(7) 从堆栈中取数的地址

13. IBM PC 有哪些寄存器可用来指示存储器的地址？

14. 设(BX)＝637DH，(SI)＝2A9BH，位移量＝0C237H，(DS)＝3100H，求下列寻址方式产生的有效地址和物理地址：

(1) 直接寻址   (2) 用 BX 的寄存器间接寻址

(3) 用 BX 的寄存器相对寻址   (4) 用 BX 和 SI 的基址变址寻址

(5) 用 BX 和 SI 的基址变址且相对寻址

15. 若(CS)＝5200H，物理转移地址为5A238H，那么(CS)变成7800H，物理转移地址为多少？

16. 设(CS)＝0200H，(IP)＝2BC0H，位移量＝5119H，(BX)＝1200H，(DS)＝212AH，(224A0H)＝0600H，(275B9H)＝098AH。求使用下列寻址方式时的转移地址：

(1) 段内直接寻址方式；

(2) 使用 BX 的寄存器寻址的段内间接寻址方式；

(3) 使用 BX 的寄存器相对寻址的段内间接寻址方式。

17. 将下列两组的词汇和说明关联起来：

(1) CPU   (2) EU

(3) BIU   (4) IP

(5) SP   (6) 存储器

(7) 堆栈   (8) 指令

(9) 状态标志   (10) 控制标志

(11) 段寄存器   (12) 物理地址

(13) 汇编语言   (14) 机器语言

(15) 汇编程序   (16) 连接程序

(17) 目标码   (18) 伪指令

A. 保存当前栈顶地址的寄存器

B. 指示下一条要执行指令的地址

C. 总线接口部件，实现执行部件所需要的所有总线操作

D. 分析并控制指令执行的部件

E. 存储程序、数据等信息的记忆装置，PC 机有 RAM 和 ROM 两种

F. 以后进先出方式工作的存储器空间

G. 把汇编语言程序翻译成机器语言程序的系统程序

H. 惟一代表存储器空间中的每个字节单元的地址

I. 能被计算机直接识别的语言

J. 用指令的助记符、符号地址、标号等符号书写程序的语言

K. 把若干个模块连接起来成为可执行文件的系统程序

L. 保存各逻辑段的起始地址的寄存器

M. 控制操作的标志，PC 机有三位：DF、IF、TF

N. 记录指令操作结果的标志，PC 机有六位：OF、SF、ZF、AF、PF、CF

O. 执行部件，由算术逻辑单元(ALU)和寄存器组等组成

P. 由汇编程序在汇编过程中执行的指令

Q. 告诉 CPU 要执行的操作，在程序运行时执行

R. 机器语言代码

第 4 章 汇编语言程序设计基本方法

全面掌握8086、8088 CPU 指令系统的使用，包括指令的功能、寻址方式及其书写格式、对标志位的影响、使用注意事项。掌握汇编程序设计所必需的伪指令，并由此构成汇编程序的完整结构。掌握变量、常量及伪指令的使用和一些常用的基本程序设计方法。在分支程序设计中，要特别注意每个分支的完整性和分支条件的合理使用；在循环程序设计中，掌握循环程序的基本结构，特别注意应避免出现死循环；在子程序设计中，着重掌握参数的各种传递方式及其实现，对堆栈这种特殊的存储区域进行了详细的描述，切实掌握堆栈的使用。宏指令与字符串操作是汇编语言设计中的两个难点，教材中对此也作了详细的介绍，要求掌握正确使用宏指令和字符串操作指令。

教材中简要介绍了DOS 功能调用的使用方法和常用的一些DOS 功能，要求能熟练使用 INT 21H 的 01，02，09，0AH，4CH 号等功能。

4.1 学 习 要 点

1. 基本概念

掌握机器语言程序、机器语言编程、汇编语言程序、汇编语言程序设计等基本概念并熟悉汇编、连接等过程，能够进行汇编语言的程序设计。

2. 汇编语言指令

在汇编语言程序设计中，有三类指令：指令、伪指令和宏指令。

(1) 指令。它对应于二进制代码指令，汇编后形成一条机器语言指令，指示CPU 进行各种操作。它在程序执行时才得到执行。

(2) 伪指令。它只告诉汇编程序(MASM. EXE)应如何汇编，而本身并不形成机器语言指令。它在源程序汇编的过程中得到执行。

(3) 宏指令。这是用户自己定义的指令。它由一组指令、伪指令构成，并在汇编过程中进行宏展开。它也是一种伪指令，也没有对应的机器语言指令。实际上，可将一组程序段用一个宏指令名来表示。

3. 汇编语言程序设计的一般步骤

（1）分析问题；（2）确定算法；（3）编写程序；（4）调试程序；（5）编写说明。

4. 汇编语言的语句格式

汇编语言的语句由四部分组成：

［名称：］ 操作助记符 操作数 ［；注释］
［名称］ 操作助记符 操作数 ［；注释］

其中，第一种为指令格式，其名称部分表示标号；第二种为伪指令格式，其名称部分表示变量名。在指令中，操作数至多可以有两个，而伪指令中操作数可以有多个。在操作数之间，用逗号（,）间隔。

5. 标号

标号主要用于表示一条指令的位置，以便转移、循环、子程序调用等指令能够转移到这条指令所在的位置。标号具有三个属性：段地址（用于指示标号所在的段）、偏移地址（用于指示标号在段内的偏移地址）和类型。

6. 变量

变量用于保存程序中要用到的可变的量，这些量可由程序来改变。变量具有五个属性：段地址（用于指示变量所在的段）、偏移地址（用于指示变量在段内的偏移地址）、类型、长度和大小。

7. 属性操作符

无论是标号，还是变量，通过属性操作符得到的值为立即数，因此，应将它看作是一个无类型的量。

8. PTR 操作符

PTR 操作符可用来暂时改变变量或标号的类型。在双操作数指令中，当两个操作数都不指定类型（类型不定），或者当两个操作数的类型不一致时，都会发生错误，这时可采用 PTR 操作符暂时改变变量的类型。PTR 操作符的使用格式为：

类型 PTR 表达式

注意，PTR 操作符只在本行起作用。例如，MOV AL，BYTE PTR VAR1（VAR1 为字变量）。

9. 伪指令 DW，DD 的特殊用法

变量名 1 DW 标号（或变量名 2）±常数
变量名 3 DD 标号（或变量名 4）±常数

定义的＜变量名 1＞为字型地址指针，其内容为＜标号±常数＞或＜变量名 2±常数＞的段内偏移地址；定义的＜变量名 3＞为双字型地址指针，其内容为＜标号±常数＞或＜变

量名 4±常数>的段内偏移地址和段地址，例如：

```
AD1 DB 100 DUP(？)          ;设变量 AD1 逻辑地址为 0100：2157
AD2 DW AD1                 ;变量 AD2 内容为 2157H
AD3 DD AD1                 ;变量 AD3 内容为 2157H，0100H
```

10. EQU 和"＝"伪指令

利用 EQU 和"＝"伪指令，可以用有意义的标识符代替表达式或常数，这样能够方便用户进行程序设计。

名称　EQU　表达式

名称 ＝ 常数

利用"＝"伪指令定义的名称还可以重复定义。

11. MOV 指令传送图

MOV 指令可在立即数、通用寄存器、段寄存器、存储器之间传送数据，其传送路径可参见教材的图 4.3。

需要特别注意的是，利用 MOV 指令不能直接传送的路径有 5 条：

(1) 立即数→段寄存器；

(2) 存储单元→存储单元；

(3) 段寄存器→段寄存器；

(4) 其它→CS；

(5) 其它→立即数。

除最后两条路径外，前三条路径可分两步实现。例如，要将立即数 12A6H 传送到段寄存器 DS，应分两步：

```
MOV AX，12A6H
MOV DS，AX
```

需要说明的是，MOV 指令的这种传送路径也适用于其它的双操作数指令，如 ADD，ADC，SUB，SBB 等指令，但运算类指令中不允许使用段寄存器。

12. 操作数类型

对于一个操作数的类型，下列几点值得特别注意：

(1) 立即数是无类型的；

(2) 不含变量名的直接寻址、寄存器间接寻址、寄存器相对寻址、基址变址寻址、基址变址且相对寻址的操作数为无类型；

(3) 利用 PTR 操作符可暂时改变存储单元的类型。

对于双操作数指令，两个操作数的类型必须匹配：

(1) 两者都指定了类型，则必须一致，否则指令出错(类型不一致)；

(2) 两者之一指定了类型，则一般指令无错；

(3) 两者都无类型，则指令出错(类型不定)。

13. BP 寄存器

当 BP 寄存器用作为基址寄存器时，其默认的段寄存器为 SS，这与其它的基址变址寄存器(BX、SI、DI)不同。但是，当指令中包含有变量名时，其默认的段地址与变量所在的段地址相同。例如，假设变量 VAR1 所在的段用 DS 来指示，则 MOV AX，[BP+4]的段寄存器为 SS，而指令 MOV AL，VAR1[BP+2]的段寄存器为 DS。

14. 堆栈

堆栈是一块特殊的存储器区域，这块区域以先进后出(FILO，First In Last Out)的方式工作，系统为此提供了特殊的指针 SP 和段寄存器 SS。

15. 两数的比较

在两数大小比较时，我们总是说，"CF 是对无符号数而言的，而 OF 是对有符号数而言的"，对这句话的正确理解并不容易。

在对两数执行算术运算或比较指令时，计算机并不区分操作数是无符号数还是有符号数，它总是将操作数当作二进制数进行运算，并按照无符号数的运算规则设置 CF，按照有符号数的运算规则设置 OF。

两数运算的结果是否超出范围，取决于实际参加运算的两个操作数。当参加运算的两个操作数为无符号数时，则可根据 CF 确定运算结果是否溢出；当参加运算的两个操作数为有符号数时，则应根据 OF 确定运算结果是否溢出。

类似的结论可推广到两数的大小比较。对两个无符号数，其大小可直接根据 CF 来确定；但对两个有符号数，其大小关系应根据 OF 与 SF 共同确定。

16. 符号扩展指令的正确用法

符号扩展指令 CBW 可将 AL 中的符号位扩展到 AH 中，即：当 AL 的 D7=0 时，AH=00H；当 D7=1 时，AH=0FFH。这样，AL 经符号扩展指令 CBW 扩展后得到一个字。同样，AX 经符号扩展指令 CWD 扩展后得到一个双字。

应该注意一点：符号扩展指令适用于有符号数，反言之，有符号数可以并且只能采用符号扩展指令将一个字节(字)扩展成一个字(双字)。而无符号数绝对不能采用符号扩展指令，当需要将一个字节(字)扩展成一个字(双字)时，只需将高位直接清零。

17. 逻辑运算指令

逻辑运算指令是位操作指令，某一位的运算结果不会影响其它位的运算。因此，有 CF=0，AF=0，OF=0，其它标志位(SF、ZF 和 PF)视运算结果而定。特别值得一提的是，NOT 指令对 6 个标志位都没有影响。

通过逻辑指令可以完成某些特殊的操作：

(1) 寄存器清零：

     XOR AX，AX   ;(AX)←0

(2) 小写字母的 ASCII 码变成大写字母的 ASCII 码(设 AL 中存放字母的 ASCII 码)：

AND AL，5FH

（3）大写字母的 ASCII 码变成小写字母的 ASCII 码（设 AL 中存放字母的 ASCII 码）：

OR AL，20H

（4）BL 高 4 位取反，低 4 位不变：

XOR BL，0F0H

DL 的 D0、D3 取反，其它位不变：

XOR DL，0000 1001B

（5）BL 高 4 位清零，低 4 位不变：

AND BL，0FH

（6）BL 高 3 位置 1，其余位不变：

OR BL，1110 0000B

（7）测试 BL 的 D2 位是否为 1，如果是，则转移到 LAB1：

TEST BL，0000 0100B

JNZ LAB1

18. 移位和循环移位指令

移位和循环移位指令只有两种格式（以 SHR 为例）：

SHR DST，1

SHR DST，CL

第一种格式表示移 1 位，第二种表示移位次数为 CL 的内容，当然也可以是 1 位。

19. 无条件转移指令与子程序调用指令

无条件转移指令与子程序调用指令的格式几乎一样，其格式为

JMP 标号　　　　　CALL　标号

JMP 字型寄存器　　CALL　字型寄存器

JMP 变量（字型或双字型）　CALL　变量（字型或双字型）

在第一、三种情况下，转移或调用的范围既可以是段内，也可以是段间，但第二种格式只能是段内转移或调用。

20. 分支条件的合理选择

条件转移指令的转移范围为 $-128 \sim +127$，因此经常会遇到转移超出范围的错误，这时应与 JMP（无条件转移）指令配合使用。例如：

CMP AL，BL

JG great

MOV AL，BL

……

但标号 great 与指令 JG great 之间的距离超出条件转移指令的转移范围，这时应找出与 JG 指令相反的指令 JNG 或 JBE，实现方法如下：

CMP AL，BL

```
                        JBE middle
                        JMP great
             middle:
                        MOV AL, BL
             ……
```

21. 循环指令

一般的循环指令格式为:

```
             LOOP      标号
```

它是一条短转移指令,转移范围为-128～+127,因此与有条件转移指令一样,也会遇到转移超出范围的错误。

由于循环指令放在循环体之后,一旦进入循环,总是先执行循环,再进行计数器的计数与比较,因此,当(CX)=0时,可以达到最大的循环次数(65 536)。但是,实际应用中,(CX)=0通常意味着循环0次,为此,经常将JCXZ <标号>指令与循环指令配合使用。

循环指令还有另外两种格式:

```
             LOOPZ/LOOPE      标号
             LOOPNZ/LOOPNE    标号
```

它们将根据循环体内给出的ZF标志和CX的内容共同决定是否执行循环。

22. 子程序(过程)定义

子程序的定义为:

```
             过程名  PROC [类型]
             ……
             ……
             RET
             过程名  END
```

这种格式结构清晰,但并不是说所有的子程序都必须写成这种格式。我们给出另一种比较自由的结构:

```
             标号:
             ……
             ……
             RET
```

这时,可采用

```
             CALL 标号
```

来调用该子程序。这种格式还有特殊的用途,当存在几个类似的子程序时,我们可以采用下列方法来设计:

```
             标号1:
             ……
             标号2:
```

           ······
    标号 3：

           ······
           ······
           RET

这里得到了三个子程序＜标号 1＞、＜标号 2＞、＜标号 3＞，它们之间有相当部分重复，也有不同之处。这种格式给程序设计带来了灵活性。

23. 主程序与子程序之间的参数传递

由主程序传递给子程序的参数称为入口常数，由子程序向主程序提交的结果称为出口参数。主程序与子程序之间的参数传递方式主要有三种：

（1）寄存器传递参数方式。将需要传递的少数参数（入口和出口参数）直接存放在寄存器中进行传递，或者将入口和出口参数存放在存储器中，而将其首址和长度通过寄存器传递。

（2）存储器传递参数方式。通过约定，入口与出口参数存放在指定的存储区域进行传递，或者通过指定存储区域传递数据区的首址与长度。

（3）堆栈传递参数方式。在主程序中，将要传递的参数压入堆栈，而在子程序中设法取出入口参数；另一方面，将子程序得到的结果存放在堆栈区域，在主程序中可通过访问堆栈得到出口参数。

入口参数与出口参数可以采用不同的参数传递方式，而且这三种参数传递方式并不是孤立的。例如，入口参数可以采用寄存器和存储器的混合传递，即有一部分参数采用存储器传递，又有个别的参数通过寄存器传递。

当采用堆栈传递参数时，我们应在子程序中通过寄存器 BP 取出入口参数。使用 BP 为基址寄存器的各种寻址方式时，其默认的段寄存器为 SS，因此很容易取出入口参数。

采用堆栈传递参数的最大特点是，参数的存储是动态的，它会随着入口参数的增多而动态地分配存储区域，因此这种传递方式非常适合于递归子程序和可再入性子程序的设计。

24. 子程序的说明文件

给子程序编写说明文件是子程序设计的重要步骤之一，它为子程序的正确使用提供了方便。子程序说明文件的内容应包括：

（1）子程序名；

（2）子程序所完成的功能；

（3）入口参数及其参数传递方式；

（4）出口参数及其参数传递方式；

（5）子程序用到的寄存器；

（6）典型示例。

注意，子程序用到的寄存器是指执行子程序后被改变了的寄存器，对于那些虽然用到但得到保护（通过堆栈、存储单元）的寄存器不在此列。

25. 字符串操作指令

字符串操作指令有：字符串传送（MOVS）、字符串比较（CMPS）、字符串扫描（SCAS）、字符串装入（LODS）和字符串存储（STOS）五种指令，它们均为隐含寻址方式。其源操作数要么由 DS：SI 给出，要么由 AL（或 AX）给出；其目的操作数要么由 ES：DI 给出，要么由 AL（或 AX）给出。

字符串操作可以有两种操作：字节操作和字操作，操作后的源指针和目的指针会自动修正，其修正量分别为 1 和 2。修正方向（递增或者递减）取决于标志位 DF，当 DF＝0 时为递增修正，当 DF＝1 时为递减修正。DF 可通过指令 CLD 和 STD 改变。

26. 宏指令

宏指令是用户自己定义的指令，它由一组指令、伪指令构成。其定义格式为：

宏指令名　MACRO ＜形参＞

　　　……

　　　ENDM

一旦定义了宏指令，在程序中就可以像使用普通指令一样使用宏指令，其调用格式为：

宏指令名 ＜实参＞

注意，实参应与形参一一对应。

在宏指令中可以定义并使用标号和变量，但必须将它们定义成局部的标号和变量，这样才能保证宏展开时不会产生标号和变量重复定义的错误。局部标号和变量的定义应采用 LOCAL 伪指令：

LOCAL ＜标号或变量清单＞

4.2　典　型　例　题

例 4.1　写出下列变量的内容：

VAR1　DB　125，125/3，－1，－10H

VAR2　DW　125，125/3，－1，－10H

VAR3　DB　'AB'，'CD'

VAR4　DW　'AB'，'CD'

解　按十六进制数依次写出各个变量的内容为

VAR1：7D，29，FF，F0

VAR2：007D，0029，FFFF，FFF0

VAR3：41，42，43，44

VAR4：4142，4344

按内存存储顺序给出：

7D，29，FF，F0，7D，00，29，00，FF，FF，F0，FF，41，42，43，44，42，41，44，43

例 4.2 设有下列伪指令：

```
START DB 1, 2, 3, 4, 'ABCD'
      DB 3 DUP(? , 1)
BUF   DB 10 DUP (? ), 15
L EQU BUF—START
```

求 L 的值。

解 由 EQU 伪指令知, L 的值为 BUF 的偏移地址减去 START 的偏移地址, 而变量 START 共占用 8 个字节, 第 2 行定义的变量(无变量名)共占用 6 个字节, 因此, L 的值为 $8+6=14=0EH$。

例 4.3 在缓冲区 DATABUF 中保存有一组无符号数据(8 位), 其数据个数存放在 DATABUF 的第 1、2 个字节中, 要求编写程序将数据按递增顺序排列。(与教材例 4.3.10 类似, 但方法不同)

解 这里采用双重循环实现数据的排序, 它可使程序变得简单。

```
        N=100                          ;设有 100 个数据
STACK   SEGMENT STACK 'STACK'
        DW 100H DUP(?)
TOP     LABEL WORD
STACK   ENDS
DATA    SEGMENT
DATABUF DW N
        DB N DUP(? )
DATA    ENDS
CODE    SEGMENT
        ASSUME CS: CODE, DS: DATA, ES: DATA, SS: STACK
START:
        MOV AX, DATA
        MOV DS, AX
        MOV ES, AX
        MOV AX, STACK
        MOV SS, AX
        LEA SP, TOP
;产生随机数据
        MOV CX, DATABUF
        LEA SI, DATABUF+2
        MOV BL, 23
        MOV AL, 11
LP:
        MOV [SI], AL
        INC SI
```

```
        ADD AL, BL
        LOOP LP
; 数据排序
        MOV CX, DATABUF
        DEC CX
        LEA SI, DATABUF+2
        ADD SI, CX
LP1:
        PUSH CX
        PUSH SI
LP2:
        MOV AL, [SI]
        CMP AL, [SI-1]
        JAE NOXCHG
        XCHG AL, [SI-1]
        MOV [SI], AL
NOXCHG:
        DEC SI
        LOOP LP2
        POP SI
        POP CX
        LOOP LP1
; 数据排序结束
        MOV AH, 4CH          ; 返回 DOS
        MOV AL, 0
        INT 21H
CODE    ENDS
        END START
```

例 4.4　有一组数据(16 位二进制数)存放在缓冲区 BUF1 中，数据个数保存在 BUF1 的头两个字节中。要求编写程序实现在缓冲区中查找某一数据，如果缓冲区中没有该数据，则将它插入到缓冲区的最后；如果缓冲区中有多个被查找的数据，则只保留第一个，将其余的删除。

解　在缓冲区 BUF 中搜索指定的数据，当没有找到时，插入该数据；当找到时，进入搜索多余的重复数据，每找到一个就删除它(将缓冲区的剩余数据向前移动一个字)。当然应注意更新缓冲区的长度单元。

```
STACK   SEGMENT STACK 'STACK'
        DW 100H DUP(?)
TOP     LABEL WORD
STACK   ENDS
```

```
                    ；设缓冲区原有 10 个字，指定的数据为 NEW=56AAH
DATA        SEGMENT
BUF         DW 10
            DW  1000H, 0025H, 6730H, 6758H, 7344H, 2023H, 0025H, 6745H,
            10A7H, 0B612H
            DW 10 DUP(?)
NEW         DW 56AAH
DATA        ENDS
CODE        SEGMENT
            ASSUME CS：CODE, DS：DATA, ES：DATA, SS：STACK
START：
            MOV AX, DATA
            MOV DS, AX
            MOV ES, AX
            MOV AX, STACK
            MOV SS, AX
            LEA SP, TOP
；搜索指定的数据
            MOV CX, BUF
            LEA SI, BUF+2
            MOV AX, NEW
L1：
            CMP AX, [SI]
            JZ L2
               ⋮
            INC SI
            INC SI
            LOOP L1
；没有找到，则插入数据
            MOV [SI], AX
            INC BUF
            JMP OK
；找到后，在剩余部分搜索重复的数据
L2：
            DEC CX
            INC SI
            INC SI
L3：
            CMP AX, [SI]
```

```
              JZ L4
              INC SI
              INC SI
              LOOP L3
              JMP OK
;找到一个重复数据,则删除它
L4:
              PUSH SI
              DEC CX
              PUSH CX
              MOV DI, SI
              INC SI
              INC SI
              CLD
              REP MOVSW
              DEC BUF
              POP CX
              POP SI
              JMP L3              ;删除后,返回继续搜索重复的数据
OK:
              MOV AH, 4CH        ;返回 DOS
              MOV AL, 0
              INT 21H
CODE          ENDS
              END START
```

例 4.5 在缓冲区 DAT1 和 DAT2 中,存放着两组递增有序的 8 位二进制无符号数,其中前两个字节保存数组的长度,要求编程实现将它们合并成一组递增有序的数据 DAT,DAT 的前两个字节仍用于保存数组长度。

解 这里要用到 3 个指针。对于写指针首选使用 DI,两个读指针可采用 SI 和 BX,分别指示 DAT1 和 DAT2。这样可适时使用字符串指令,以简化程序设计。

在设计中,将由 BX 指示的缓冲区 DAT2 内容读入 AL,这样,当要将 DAT1 的内容传送到 DAT 时,可采用 MOVSB 指令;当要将 DAT2 的内容传送到 DAT 时,可采用 STOSB 指令。

```
STACK       SEGMENT STACK 'STACK'
            DW 100H DUP(?)
TOP         LABEL WORD
STACK       ENDS
;设 DAT1 中有 10 个数据,DAT2 中有 13 个数据
DATA        SEGMENT
```

```
DAT1      DW 10
          DB 10H, 25H, 67H, 68H, 73H, 83H, 95H, 0A8H, 0C2H, 0E6H
DAT2      DW 13
          DB 05, 12H, 26H, 45H, 58H, 65H, 67H, 70H, 76H, 88H, 92H, 0CDH,
          0DEH
DAT       DW ?
          DB 200 DUP(?)
DATA      ENDS
CODE      SEGMENT
          ASSUME CS: CODE, DS: DATA, ES: DATA, SS: STACK
START:
          MOV AX, DATA
          MOV DS, AX
          MOV ES, AX
          MOV AX, STACK
          MOV SS, AX
          LEA SP, TOP
          MOV CX, DAT1
          MOV DX, DAT2
          MOV DAT, CX
          ADD DAT, DX
          LEA SI, DAT1+2
          LEA BX, DAT2+2
          LEA DI, DAT+2
          CLD
L1:
          MOV AL, [BX]
          INC BX
L2:
          CMP AL, [SI]
          JB L3
          MOVSB                    ; DAT1 区中的数据传送到 DAT 区
          DEC CX
          JZ L4
          JMP L2
L3:
          STOSB                    ; DAT2 区中的数据传送到 DAT 区
          DEC DX
          JZ L5
```

```
            JMP L1
L4：
            MOV SI, BX
            DEC SI
            MOV CX, DX
L5：
            REP MOVSB
            MOV AH, 4CH                  ；返回 DOS
            MOV AL，0
            INT 21H
CODE     ENDS
            END START
```

4.3 习   题

1. 写出完成下列要求的变量定义语句：

(1) 在变量 var1 中保存 6 个字变量：4512H，4512，－1，100/3，10H，65530；

(2) 在变量 var2 中保存字符串：'BYTE'，'word'，'WORD'；

(3) 在缓冲区 buf1 中留出 100 个字节的存储空间；

(4) 在缓冲区 buf2 中，保存 5 个字节的 55H，再保存 10 个字节的 240，并将这一过程重复 7 次；

(5) 在变量 var3 中保存缓冲区 buf1 的长度；

(6) 在变量 pointer 中保存变量 var1 和缓冲区 buf1 的偏移地址。

2. 设变量 var1 的逻辑地址为 0100：0000，画出下列语句所定义变量的存储分配图：

```
            var1 DB    12，－12，20/6，4 DUP(0，55H)
            var2 DB    'Assemble'
            var3 DW    'AB'，'cd'，'E'
            var4 DW    var2
            var5 DD    var2
```

3. 指令正误判断，对正确指令写出源和目的操作数的寻址方式，对错误指令指出原因（设 VAR1，VAR2 为字变量，L1 为标号）：

(1) MOV SI, 100   (2) MOV BX, VAR1[SI]

(3) MOV AX, [BX]   (4) MOV AL, [DX]

(5) MOV BP, AL   (6) MOV VAR1, VAR2

(7) MOV CS, AX   (8) MOV DS, 0100H

(9) MOV [BX][SI], 1   (10) MOV AX, VAR1＋VAR2

(11) ADD AX, LENGTH VAR1   (12) OR BL, TYPE VAR2

(13) SUB [DI], 78H   (14) MOVS VAR1, VAR2

— 24 —

(15) PUSH 100H (16) POP CS

(17) XCHG AX, ES (18) MOV DS, CS

(19) JMP L1+5 (20) DIV AX, 10

(21) SHL BL, 2 (22) MOV AL, 15+23

(23) MUL CX (24) XCHG CL, [SI]

(25) ADC CS: [0100], AH (26) SBB VAR1-5, 154

4. 说明下列指令对的区别:

(1) MOV AX, VAR1 与 MOV AX, OFFSET VAR1

(2) MOV AX, VAR2 与 LEA AX, VAR2

(3) MOV AL, LENGTH VAR1 与 MOV AL, SIZE VAR1

(4) MOV AL, ES: [DI] CMP AL, [SI] 与 CMPSB

(5) SHR AL, 1 与 SAR AL, 1

(6) SHR AL, 1 与 ROR AL, 1

(7) ROL BX, 1 与 RCL BX, 1

5. 写出下列转移指令的寻址方式(设 L1 为标号,VAR1 为字型变量,DVAR1 为双字型变量):

(1) JMP L1 (2) JMP NEAR PTR L1

(3) JNZ L1 (4) JMP BX

(5) JG L1 (6) JMP VAR1[SI]

(7) JMP FAR PTR L1 (8) JMP DVAR1

6. 设(DS)=2000H,(BX)=0100H,(SI)=0002H,(20100H)=3412H,(20102H)=7856H,(21200H)=4C2AH,(21202H)=65B7H,求下列指令执行后 AX 寄存器的内容:

(1) MOV AX, 1200H (2) MOV AX, BX

(3) MOV AX, [1200H] (4) MOV AX, [BX]

(5) MOV AX, 1100H[BX] (6) MOV AX, [BX][SI]

(7) MOV AX, 1100H[BX][SI]

7. 执行下列指令后,DX 寄存器中的内容是多少?

TABLE   DW 25, 36, -1, -16, 10000, 13

PYL   DW 7

......

MOV   BX, OFFSET TABLE

ADD   BX, PYL

MOV   DX, [BX]

8. 如果堆栈的起始地址为 2200:0000,栈底为 0100H,(SP)=00A8H,求

(1) 栈顶地址;

(2) SS 的内容;

(3) 再存入数据 5678H,3AF2H 后,SP 的内容。

9. 设已用伪指令 EQU 定义了 4 个标识符:

N1 EQU 2100

N2 EQU 10

N3 EQU 20000

N4 EQU 25000

下列指令是否正确？并说明原因。

(1) ADD AL, N1－N2   (2) MOV AX, N3＋N4

(3) SUB BX, N4－N3   (4) SUB AH, N4－N3－N1

(5) ADD AL, N2   (6) MOV AH, N2＊N2

10. 按下列要求写出指令：

(1) 将 AX 寄存器的低 4 位清零，其余位不变；

(2) 将 BX 寄存器的低 4 位置 1，其余位不变；

(3) 将 AL 寄存器的低 4 位保持不变，高 4 位取反；

(4) 测试 BX 中的位 1 和位 2，当这两位同时为 0 时将 AL 置 0FFH，否则 AL 清零；

(5) 测试 BX 中的位 1 和位 2，当这两位有一位为 0 时将 AL 置 0FFH，否则 AL 清零；

(6) 将 AL 中保存的字母 ASCII 码变换成相应的大写字母的 ASCII 码；

(7) 将 AL 中保存的字母 ASCII 码变换成相应的小写字母的 ASCII 码；

(8) 将 AX 中的各位取反；

(9) 将 DX 中的低 7 位取反，高 9 位不变；

(10) 将 CX 中的低 8 位与高 8 位互换。

11. 写出完成下述功能的程序段：

(1) 传送 40H 到 AL 寄存器；

(2) 将 AL 的内容乘以 2；

(3) 传送 16H 到 AH 寄存器；

(4) AL 的内容加上 AH 的内容。

并计算最后结果(AL)＝？

12. 写出完成下述功能的程序段：

(1) 从缓冲区 BUF 的 0004 偏移地址处传送一个字到 AX 寄存器；

(2) 将 AX 寄存器的内容右移 2 位；

(3) 将 AX 内容与 BUF 的 0006 偏移地址处的一个字相乘；

(4) 相乘结果存入 BUF 的 0020H 偏移地址处(低位在前)。

13. 设(BX)＝11001011B，变量 VAR 的内容为 00110010B，求下列指令单独执行后 BX 的内容：

(1) XOR BX, VAR   (2) AND BX, VAR

(3) OR BX, VAR   (4) XOR BX, 11110000B

(5) AND BX, 00001111B   (6) TEST BX, 1

14. 设(DX)＝10111011B，(CL)＝3，(CF)＝1，求下列指令单独执行后 DX 的内容：

(1) SHR DX, 1   (2) SAR DX, CL

(3) SHL DX, CL   (4) SHL DX, 1

(5) ROR DX, CL   (6) ROL DL, CL

(7) SAL DH, 1   (8) RCL DX, CL

(9) RCR DL，1

15. 选择题(各小题只有一个正确答案)

(1) 执行下列三条指令后：

MOV SP，1000H

PUSH AX

CALL BX

A)（SP）＝1000H   B)（SP）＝0FFEH

C)（SP）＝1004H   D)（SP）＝0FFCH

(2) 要检查寄存器 AL 中的内容是否与 AH 相同，应使用的指令为：

A) AND AL，AH   B) OR AL，AH

C) XOR AL，AH   D) SBB AL，AH

(3) 指令 JMP NEAR PTR L1 与 CALL L1(L1 为标号)的区别在于：

A) 寻址方式不同   B) 是否保存 IP 的内容

C) 目的地址不同   D) 对标志位的影响不同

16. 寄存器 DX：AX 组成 32 位数，DX 为高位，编写程序段实现：

(1) DX：AX 右移 3 位，并将移出的低 3 位保存在 CL 中；

(2) DX：AX 左移 3 位，并将移出的高 3 位保存在 CL 中。

17. 已知在 ASC1 的起始处保存有 N 个字符的 ASCII 码，编写汇编语言程序，实现将这组字符串传送到缓冲区 BUFER 中，并且使字符串的顺序与原来的顺序相反。

18. 利用移位、传送和相加指令实现 AX 的内容扩大 10 倍。

19. 在缓冲区 VAR 中连续存放着 3 个 16 位的无符号数，编写程序实现将其按递增关系排列；如果 VAR 中保存的为有符号数，则再编写程序实现将其按递减关系排列。

20. 编写程序段实现将 BL 中的每一位重复 4 次，构成 32 位的双字 DX：AX，例如当 BL＝01011101B 时，得到的(DX)＝0F0FH，(AX)＝0FF0FH。

21. 编写程序段实现将 AL 和 BL 中的每一位依次交叉，得到的 16 位字保存在 DX 中，例如，(AL)＝01100101B，(BL)＝11011010B，则得到(DX)＝10110110 10011001B。

22. 在变量 VAR1 和 VAR2 中分别保存有两个字节型的正整数，编写完整的汇编语言程序实现：

(1) 当两数中有一个奇数时，将奇数存入 VAR1，偶数存入 VAR2；

(2) 当两数均为奇数时，两个变量的内容不变；

(3) 当两数均为偶数时，两数缩小一倍后存入原处。

23. 已知在字变量 VAR1、VAR2 和 VAR3 中保存有 3 个相同的代码，但有一个错码，编写程序段找出这个错码，并将它送 AX，其地址送 SI；如果 3 个代码都相同，则在 AX 中置－1 标志。

24. 分析下列程序段的功能：

MOV CL，04

SHL DX，CL

MOV BL，AH

SHL AX，CL

```
SHR  BL, CL
OR  DL, BL
```

25. 下列程序段执行后，求 BX 寄存器的内容：
```
MOV  CL, 3
MOV  BX, 0B7H
ROL  BX, 1
ROR  BX, CL
```

26. 下列程序段执行后，求 BX 寄存器的内容：
```
MOV  CL, 5
MOV  BX, 7D5CH
SHR  BX, CL
```

27. 设数组 ARRAY 的第 1 个字节存放数组的长度（<256），从第 2 个字节开始存放无符号 8 位数，求数组元素之和（结果放在 AX 中）。如果计算的和超出 16 位数的范围，则给出溢出标志 DX$=-1$。

28. 设 BUF 中存放有 N 个无符号数（或有符号数），编程实现求它们的最小值（存入 AX）和最大值（存入 DX）。

29. 设 BUFFER 中存放有 N 个无符号数（第 1 个字节存放缓冲区的长度），编程实现将其中的 0 元素抹去，并更新其长度。

30. 编写程序实现 N 个字乘以或除以 1 个字，设 BUFN 存放 N 个字，BUF1 存放乘数或除数，PRODUCT 存放乘积，QUOTIENT 存放商，REMAINDER 存放余数。

31. 编写一个子程序实现统计 AL 中 1 的个数，然后检测出字节型缓冲区 BUF 中 0 和 1 个数相等的元素个数。

32. 设有 n（设为 17）个人围坐在圆桌周围，按顺时针给他们编号（1，2，…，n），从第 1 个人开始按顺时针方向加 1 报数，当报数到 m（设为 11）时，该人出列，余下的人继续进行，直到所有人出列为止。编写程序模拟这一过程，求出出列人的编号顺序。

33. 编写子程序实现以十六进制数在屏幕上显示 AL 的内容。

34. 从键盘上读入一个正整数 N（$0 \leqslant N \leqslant 65\ 535$），转换成十六进制数存入 AX，并在屏幕上显示出来。

35. 在缓冲区 BUFFER 中，第 1 个字节存放数组的长度（<256），从第 2 个字节开始存放字符的 ASCII 码，编写子程序完成在最高位上给字符加上偶校验。

36. 编写程序完成求多位数（N 个字）的绝对值。

37. 已知斐波那契数列的定义为 $F_1=1, F_2=1, F_i=F_{i-1}+F_{i-2}(i \geqslant 3)$，编写求该数列前 n 项的子程序。

38. 编写程序实现循环显示 10 条信息，保存每条信息的变量分别为 INFOM1～INFORM10。

39. 编写程序实现将包含 20 个数据的数组 ARRAY 分成两个数组：正数数组 ARRAYP 和负数数组 ARRAYN，并分别将这两个数组中数据的个数显示出来。

40. 编写程序实现求缓冲区 BUFFER100 个字中的最小偶数（存入 AX）。

41. 编写程序实现求级数 $1^2+2^2+\cdots+n^2+\cdots$ 的前 n 项和刚大于 2000 的项数 n。

42. 已知数组 A 中包含有 15 个互不相等的整数，数组 B 中包含有 20 个互不相等的整数，编写程序实现将既在数组 A 中出现又在数组 B 中出现的整数存放于数组 C 中。

43. 定义一条宏指令，实现将指定数据段的段地址传送到段寄存器 ES 或 DS 的功能。

44. 定义一条宏指令，实现从键盘中输入一个字符串(利用 INT 21H 的 09 号功能)。

45. 定义一条宏指令，实现在屏幕上显示出指定的字符串。

46. 定义一条宏指令，实现在屏幕上输出回车、换行。

47. 利用其它指令完成与下列指令一样的功能：

(1) REP MOVSB   (2) REP LODSB

(3) REP STOSB   (4) REP SCASB

48. 设在数据段中定义了：

STR1 DB 'ASSEMBLE LANGUAGE'

STR2 DB 20 DUP(?)

利用字符串指令编写程序段实现：

(1) 从左到右将 STR1 中的字符串传送到 STR2；

(2) 从右到左将 STR1 中的字符串传送到 STR2；

(3) 将 STR1 中的第 6 个和第 7 个字节装入 DX；

(4) 扫描 STR1 字符串中有无空格，如有，则将第一个空格符的地址传送到 SI。

49. 设在数据段中定义了：

STRING DB 'Today is Sunday & July 16，2000'

编写程序实现将 STRING 中的"&"用"/"代替。

50. 分析下列程序段完成的功能：

```
MOV CX, 100
LEA SI, FIRST
LEA DI, SECOND
REP MOVSB
```

51. 分析下列程序段：

```
LEA DI, STRING
MOV CX, 200
CLD
MOV AL, 20H
REPZ SCASB
JNZ FOUND
JMP NOT_FOUND
```

指出转移到 FOUND 的条件。

52. 设在数据段的变量 OLDS 和 NEWS 中保存有 5 个字节的字符串，如果 OLDS 字符串不同于 NEWS 字符串，则执行 NEW_LESS，否则顺序执行程序。

53. 编程实现将 STRING 字符串中的小写字母变换成大写字母。

54. 设在数据段中定义了：

STUDENT_NAME DB 30 DUP(?)

STUDENT_ADDR DB 9 DUP(？)

STUDENT_PRINT DB 50 DUP(？)

编写程序实现：

(1) 用空格符清除缓冲区 STUDENT_PRINT；

(2) 在 STUDENT_ADDR 中查找第一个"_"字符；

(3) 在 STUDENT_ADDR 中查找最后一个"_"字符；

(4) 如果 STUDENT_NAME 中全为空格符，则 STUDENT_PRINT 全存入"＊"；

(5) 将 STUDENT_NAME 传送到 STUDENT_PRINT 的前 30 个字节中，将 STU-DENT_ADDR 传送到 STUDENT_PRINT 的后 9 个字节中。

55. 在 DS：X_BUF 为起始地址的表中存有按由小到大顺序排列的一组 16 位无符号数，其中该表的第一、二两字节存放数据个数。现在 DS：X_KEY 中存有一个关键字(16 位无符号数)，要求从上述表中查找第一个此关键字，若找到此关键字，则 DI 中存放该关键字在该表中的偏移量；若无此关键字，则将该关键字插入 X_BUF 表中，使该表仍有序，并将该关键字在表中的偏移量存放在 DI 中。

56. 分析下列子程序 FUNC1，并回答相应的问题。

```
FUNC1    PROC    NEAR
         XOR     CX, CX
         MOV     DX, 01
         MOV     CL, X
         JCXZ    A20
         INC     DX
         INC     DX
         DEC     CX
         JCXZ    A20
A10:     MOV     AX, 02
         SHL     AX, CL
         ADD     DX, AX
         LOOP    A10
A20:     MOV     Y, DX
         RET
FUNC1    ENDP
```

若该子程序的入口参数为 $X(0 \leqslant X \leqslant 10)$，其输出参数为 Y，则：

(1) 该子程序的功能是 $Y = f(X) = $ _____；

(2) 若 $X = 0$，则 $Y = $ _____；

若 $X = 3$，则 $Y = $ _____；

若 $X = 5$，则 $Y = $ _____。

57. 已知 $N(3 < N < 100)$ 个 8 位无符号数已存放在缓存区 INX 中，其中第一个字节存放个数 N，从第二个字节开始存放数据，下列的 FUNC2 子程序完成对这 N 个数据按由大到小排序，在划线处填入必要指令，使以下子程序完整。

```
FUNC2    PROC    NEAR
         LEA     SI, INX
         XOR     CX, CX
         MOV     CL, [SI]
         DEC     CX
B10:     INC     SI
         MOV     DI, SI
         PUSH    SI
         _____
         MOV     AL, [SI]
B20:     INC     SI
         CMP     AL, [SI]
         _____
         MOV     AL, [SI]
         MOV     DI, SI
B30:     LOOP    B20
         POP     CX
         POP     SI
         MOV     AH, [SI]
         MOV     [SI], AL
         MOV     [DI], AH
         LOOP    B10
         _____
FUNC2    ENDP
```

58. 假设 X 和 X+2 单元的内容为双精度数 P，Y 和 Y+2 单元的内容为双精度数 Q（P，Q 均为无符号数，其中 X，Y 为低位数），下列的子程序 FUNC3 完成使 2P>Q 时，(AX)=1；2P<=Q 时，(AX)=−1，在划线处填入必要指令，使以下子程序完整。

```
FUNC3    PROC    NEAR
         MOV     DX, X+2
         MOV     AX, X
         ADD     AX, AX
         ADC     DX, DX
         JC      C10
         CMP     DX, Y+2
         ___     C20
         ___     C10
         CMP     AX, Y
         ___     C20
C10:     MOV     AX, 1
         ___     C30
```

```
C20：    MOV    AX，－1
C30：    RET
FUNC3 ENDP
```

59. (上机题)编写程序实现，将缓冲区 BUFFER 中的 100 个字按递增排序，并按下列格式顺序显示：

```
        数据 1 <原序号>
        数据 2 <原序号>
        ……
```

60. (上机题)按同余法产生一组随机数 $N(1<N<=50)$，并按 $N+50$ 赋给 45 名同学的 5 门课程的成绩，要求编程实现计算每个同学的平均成绩，并根据平均成绩统计全班的成绩各等级的人数(A：90～100，B：80～89，C：70～79，D：66～69，E：60～65，F：60 分以下)，按下列格式显示：

```
        Total  <总人数>
        A：    <人数 1>
        B：    <人数 2>
        C：    <人数 3>
        D：    <人数 4>
        E：    <人数 5>
        F：    <人数 6>
```

61. (上机题)编写程序实现下列 5 项功能，通过从键盘输入 1～5 进行菜单式选择：

(1) 按数字键"1"，完成将字符串中的小写字母变换成大写字母。用户输入由英文大小写字母或数字 0～9 组成的字符串(以回车结束)，变换后按下列格式在屏幕上显示：

```
        <原字符串>   例如：abcdgyt0092
        <新字符串>        ABCDGYT0092
```

按任一键重做，按 Esc 键返回主菜单。

(2) 按数字键"2"，完成在字符串中找最大值。用户输入由英文大小写字母或数字 0～9 组成的字符串(以回车结束)，找出最大值后按下列格式在屏幕上显示：

```
        <原字符串>       The maximum is <最大值>.
```

按任一键重做，按 Esc 键返回主菜单。

(3) 按数字键"3"，完成输入数据组的排序。用户输入一组十进制数值(小于 255)，然后转换成十六进制数，并按递增方式进行排序，按下列格式在屏幕上显示：

```
        <原数值串>
        <新数值串>
```

按任一键重做，按 Esc 键返回主菜单。

(4) 按数字键"4"，完成时间的显示。首先提示用户对时，即改变系统的定时器

HH：MM：SS(以冒号间隔，回车结束)，然后在屏幕的右上角实时显示出时间：

```
        HH：MM：SS
```

按任一键重新对时，按 Esc 键返回主菜单。

(5) 按数字键"5"，结束程序的运行，返回操作系统。

第 5 章　多模块程序设计

了解汇编语言多模块程序设计的基本方法，要求掌握模块间段与段的关系、数据的交叉访问和标号的交叉引用。了解两种新的数据类型：结构与记录类型。了解汇编语言程序与 BASIC 语言、C 语言程序的连接。这一章为了解内容，考试时可以不作要求。

5.1 习　　题

1. 有下面两个源程序模块：

模块 1：

```
        SSEG    SEGMENT STACK
                DW 100 DUP(?)
        TOP     LABEL WORD
        SSEG    ENDS
        DSEG    SEGMENT COMMON
        VAR     DB 50 DUP(?)
        DSEG    ENDS
        ESEG    SEGMENT AT 1000H
        AREA    DW 70 DUP(?)
        ESEG    ENDS
        CSEG    SEGMENT PUBLIC
        ……          〉300H 个字节
        CSEG    ENDS
```

模块 2：

```
        SSEG    SEGMENT STACK
                DW 50 DUP(?)
        TOP     LABEL WORD
        SSEG    ENDS
        DSEG    SEGMENT COMMON
        VECT    DB 10
```

```
            DSEG    ENDS
            CSEG    SEGMENT PUBLIC
            ……    } 200H 个字节
            CSEG    ENDS
```

假定连接程序按 SSEG、DSEG 和 CSEG 的次序安排各段,栈底从 20000H 地址开始,请说明连接后程序在内存中的配置情况。

2. 写出一组语句,指出变量 VAR1 和远程标号 LAB1 是外部标识符,变量 VAR2 和标号 LAB2 是本模块定义的、可供其它模块访问的标识符。

3. 在什么情况下 EXTRN 语句中的标号应赋予 NEAR 属性?

4. 假设:(1)双字变量 VAR1、字节变量 VAR2 和近程标号 LAB1 在模块 1 中定义,但供模块 2 和模块 3 使用;(2)字变量 VAR3 和远程标号 LAB2 在模块 2 中定义,而 VAR3 供模块 1 使用,LAB2 供模块 3 使用;(3)远程标号 LAB3 在模块 3 中定义,供模块 2 使用,试写出每个模块必需的 EXTRN 和 PUBLIC 语句。

5. 编写程序段实现,模块 1 访问模块 2 中定义的字变量 NUM1、NUM2、NUM3 和 NUM4。

6. 在单独的模块中编写一远程过程:SEARCH,完成在一个字节数组中查找给定的字节,如找到,则将其在数组中的下标(即数组中的偏移量)返回给变量 VAR1;如没有找到,则给变量 VAR1 返回 −1。变量 VAR1 和数组均为外部标识符(可在主程序模块中定义)。请同时写出调用此过程的主程序模块。

第 6 章　微处理器 8086 的总线结构和时序

　　掌握 8086/8088 CPU 的引脚信号的含义。理解两种方式下的地址总线、数据总线和控制总线，并构成最小方式和最大方式系统。掌握系统的读/写时序、中断响应时序。

6.1　学 习 要 点

1. 总线周期概念

时钟周期：控制微处理器工作的时钟信号的一个周期，它是 CPU 最小的工作节拍。

总线周期：CPU 通过系统总线对外部存储器或 I/O 接口进行一次访问所需的时间。

指令周期：CPU 执行一条指令所需的时间(包括取指令和执行指令所需的时间)。

　　一个基本的总线周期包括 4 个时钟周期，即 T_1、T_2、T_3 和 T_4，又称为 4 个 T 状态。读写总线周期在这 4 个 T 状态下完成的工作是不同的，于是就有了读总线周期和写总线周期。

　　一个实际的总线周期除 4 个 T 状态外还可能在 T_3 和 T_4 之间插入若干个等待周期 T_w。在两个总线周期之间可能存在若干个空闲状态，简称 T_1 状态。

2. 8086 的微处理器级总线

　　8086 微处理器级总线表现为 40 条引脚，可以分成三组总线：地址、数据、控制总线。地址总线有 20 条，其中低 16 条地址线与数据总线分时复用，控制总线有 16 条，MN/$\overline{\text{MX}}$ 控制 CPU 的两种工作方式：最小方式和最大方式。在两种方式下公用的控制引脚有 8 条，还有 8 条控制引脚在两种方式下有不同的含义。重点要求掌握 RESET、$\overline{\text{RD}}$、$\overline{\text{WR}}$、ALE、$\overline{\text{DEN}}$、DT/$\overline{\text{R}}$，M/$\overline{\text{IO}}$、READY 等信号。

3. 系统总线结构

　　利用 8086 微处理器的引脚信号，可以构成最小方式和最大方式系统。为使地址/数据分时复用的引脚分离，应采用锁存器 8282 构成地址总线。在最大方式下，应采用总线控制器 8288 构成控制总线。要求掌握最小方式和最大方式系统的构成。

4. 8086 系统总线时序

重点掌握 8086 CUP 的读、写时序，结合总线结构，理解 CPU 指令的执行过程。

5. 中断响应时序

教材的第 230 页图 6.11 中，CPU 在 $\overline{\text{INTA}}$ 第二个负脉冲期间从数据总线的 $AD_7 \sim AD_0$ 上读取由中断控制器提供的中断类型码。因此，中断控制器 8259A 必须直接与数据总线的低 8 位 $AD_7 \sim AD_0$ 相连，而不能连接到数据总线的高 8 位 $AD_{15} \sim AD_8$。

6.2 习　　题

1. 微处理器的外部结构表现为＿＿＿＿＿＿，它们构成了微处理器级总线。

2. 微处理器级总线经过总线形成电路之后形成了＿＿＿＿＿＿。

3. 什么是总线结构？简述计算机系统采用总线结构的优点。

4. 对教材第 220 页图 6.2 来讲，若 20 位地址全部用 74LS373 锁存器锁存，数据线采用 74LS245 总线收发器，试画出系统总线结构图。

5. 在 8086 系统总线结构中，为什么要有地址锁存器？

6. 根据传送信息的种类不同，系统总线分为＿＿＿＿、＿＿＿＿和＿＿＿＿。

7. 三态逻辑电路输出信号的三个状态是 ＿＿＿＿、＿＿＿＿和＿＿＿＿。

8. 微机中的控制总线提供＿＿＿＿。

    A. 数据信号流；

    B. 存储器和 I/O 设备的地址码；

    C. 所有存储器和 I/O 设备的时序信号；

    D. 所有存储器和 I/O 设备的控制信号；

    E. 来自存储器和 I/O 设备的响应信号；

    F. 上述各项；

    G. 上述 C，D 两项；

    H. 上述 C，D 和 E 三项。

9. 微机中读写控制信号的作用是＿＿＿＿。

    A. 决定数据总线上数据流的方向；

    B. 控制存储器操作读/写的类型；

    C. 控制流入、流出存储器信息的方向；

    D. 控制流入、流出 I/O 端口信息的方向；

    E. 以上所有。

10. 系统总线中地址线的作用是＿＿＿＿。

11. CPU 和总线控制逻辑中信号的时序是由＿＿＿＿信号控制的。

12. 欲使 8086 CPU 工作在最小方式，引脚 $\overline{\text{MN}}/\text{MX}$ 应接＿＿＿＿。

13. RESET 信号是＿＿＿＿时产生的，至少要保持 4 个时钟周期的＿＿＿＿电平才有效，该信号结束后，CPU 内的 CS 为_____，IP 为_____，程序从_____地址开始执行。

14. CPU 在_____状态开始检查 READY 信号、_____电平时有效，说明存储器或 I/O 端口准备就绪，下一个时钟周期可进行数据的读写；否则，CPU 可自动插入一个或几个_____，以延长总线周期，从而保证快速的 CPU 与慢速的存储器或 I/O 端口之间协调地进行数据传送。

15. 当 $\overline{M}$/IO 引脚输出高电平时，说明 CPU 正在访问_____。

16. 在构成 8086 最小系统总线时，地址锁存器 8282 的选通信号 STB 应接 CPU 的_____信号，输出允许端 $\overline{OE}$ 应接_____；数据收发器 8286 的方向控制端 T 应接_____信号，输出允许端 $\overline{OE}$ 应接_____信号。

17. 8086 微处理器级总线经过总线控制电路，形成了系统三总线，它们是_____总线，地址总线_____和数据总线_____。

18. 8086 CPU 在读写一个字节时，只需要使用 16 条数据线中的 8 条，在_____个总线周期内完成；在读写一个字时，自然要用到全部的 16 条数据线，只是当此字的地址是偶地址时，可在_____个总线周期内完成，而对奇地址字的访问则要在_____个总线周期内完成。

19. 8086 最大系统的系统总线结构较最小系统的系统总线结构多一芯片_____。

20. 简述 8086 最大系统总线结构中的总线控制器输出的信号 $\overline{AIOWC}$ 和 $\overline{AMWC}$ 的作用。

21. 微机在执行指令 MOV [DI]，AL 时，将送出的有效信号有_____。
A）RESET　　B）高电平的 M/$\overline{IO}$信号　　C）$\overline{WR}$　　D）$\overline{RD}$

22. 设指令 MOV AX，DATA 已被取到 CPU 的指令队列中准备执行，并假定 DATA 为偶地址，试画出以下情况下该指令执行的总线时序图：
（1）没有等待的 8086 最小方式；
（2）有一个等待周期的 8086 最小方式。

23. 上题中如果指令分别为：
（1）MOV　DATA+1，AX
（2）MOV　DATA+1，AL
（3）OUT　DX，AX　　　　（DX 的内容为偶数）
（4）IN　　AL，0F5H
重做上题(1)。

24. 8086 最小方式下，读总线周期和写总线周期相同之处是：在_____状态开始使 ALE 信号变为有效_____电平，并输出_____信号来确定是访问存储器还是访问 I/O 端口，同时送出 20 位有效地址，在_____状态的后部，ALE 信号变为_____电平，利用其下降沿将 20 位地址和 $\overline{BHE}$ 的状态锁存在地址锁存器中；相异之处是从_____状态开始的数据传送阶段。

第7章 存储器系统

存储器系统是计算机系统的重要组成部分,用于存储计算机工作所必需的数据和程序。它分为内存储器和外存储器。

要求在了解半导体存储器工作原理的基础上,着重掌握计算机系统内存储器系统的构成以及与 CPU 的连接方法。

7.1 学 习 要 点

1. 半导体存储器的分类

计算机系统中的内存储器一般都使用半导体存储器,其特点是集成度高、成本低、存取速度快。半导体存储器的分类如图 7.1 所示。

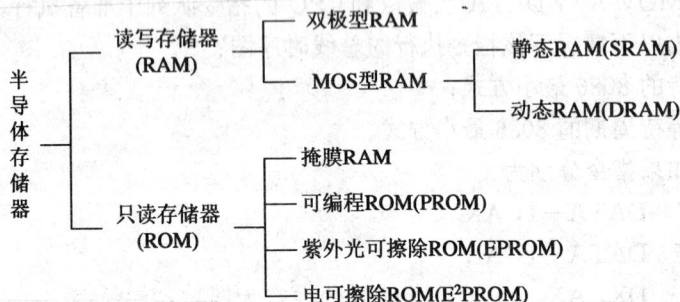

图 7.1 半导体存储器的分类

2. 存储器的基本组成

存储器的基本组成如图 7.2 所示。

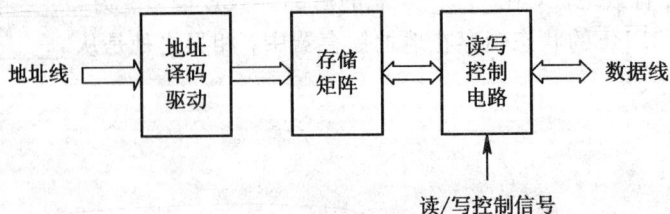

图 7.2 存储器的基本组成

3. 存储器的主要性能指标

半导体存储器的主要性能指标包括教材 7.1 节中介绍的 4 项(第 234～235 页),而最为重要的是存储容量和存取速度(存取速度用最大存取时间来衡量)。存储容量是指存储器可以存储的二进制信息量,即

$$存储容量 = 字数×字长$$

而计算机系统中经常用可以存储的字节数表示存储容量,并以 KB(1024 个字节)作为容量的单位。如 64 KB 表示 65 536 个字节。

存储器的存取时间定义为存储器从接收、寻找存储单元的地址码开始,到它取出或存入数据为止所需的时间,其上限值称为最大存取时间。存取时间的大小反映了存取速度的快慢。存取时间越小,则存取速度越快。超高速存储器的最大存取时间小于 20 ns,中速存储器的存取时间为 100～200 ns,低速存储器的存取时间在 300 ns 以上。

4. 存储器的分级层次结构

根据 CPU 对不同层次存储器的存取速度的不同要求,计算机中经常采用分级层次结构来组织整个存储器系统,如图 7.3 所示,共分 4 级。

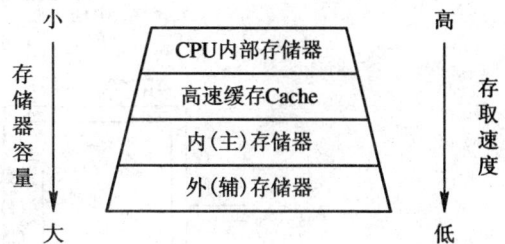

图 7.3 存储器系统的层次结构

5. 存储器与 CPU 的连接

在微机或微机应用系统中,存储器子系统由许多存储器芯片(ROM 和 RAM)组成。CPU 对存储器进行读写操作时,首先由地址总线给出地址信号,然后发出读或写的控制信号,最后才能在数据总线上进行数据的读写。因此,在微机或微机应用系统中,存储器系统的设计主要是指存储器与 CPU 的连接,包括 CPU 的地址总线、数据总线和控制总线与存储器的连接。连接时应考虑如下问题:

1) CPU 的读写时序和存储器的存取速度之间的匹配

CPU 取指令和对存储器进行读写时,都有其固有的时序,由此来确定对存储器存取速度的要求。存储器的存取速度必须与 CPU 的读写时序相匹配,以便使 CPU 能在规定的读、写周期内完成对存储器的正确读写。

2) CPU 总线负载能力

CPU 输出线的直流负载能力为一个 TTL 负载,而目前的存储器通常采用 MOS 电路,其直流负载很小,主要是电容负载,因此在简单系统中,CPU 可直接与存储器相连,而在较大系统中,就要考虑 CPU 的负载能力,需要时可以通过增加缓冲器或总线驱动器来提高驱动负载的能力。常用的芯片有 74LS244(单向 8 位)和 74LS245(双向 8 位)等。

3) 控制信号的连接

CPU 与存储器连接时,应将 CPU 提供的一些控制信号与存储器的控制信号相连接,以实现正确的读写控制。与存储器系统设计有关的 8086 CPU 的控制信号有 M/$\overline{\text{IO}}$、$\overline{\text{RD}}$、$\overline{\text{WR}}$、$\overline{\text{DEN}}$、DT/$\overline{\text{R}}$ 和 ALE。

4) 存储器的片选控制与地址译码

存储器系统一般分为 RAM 和 ROM 两大类，由多个存储器芯片组成。为了实现存储器的正确寻址，地址总线按用途分为两部分：一部分是低位地址总线，直接连接到存储器芯片的地址线上，实现存储器芯片的片内寻址；另一部分是高位地址总线，通过地址译码产生存储器片选信号，实现存储器模块（芯片）的选择。地址总线的高、低位划分因存储器芯片的容量而异。

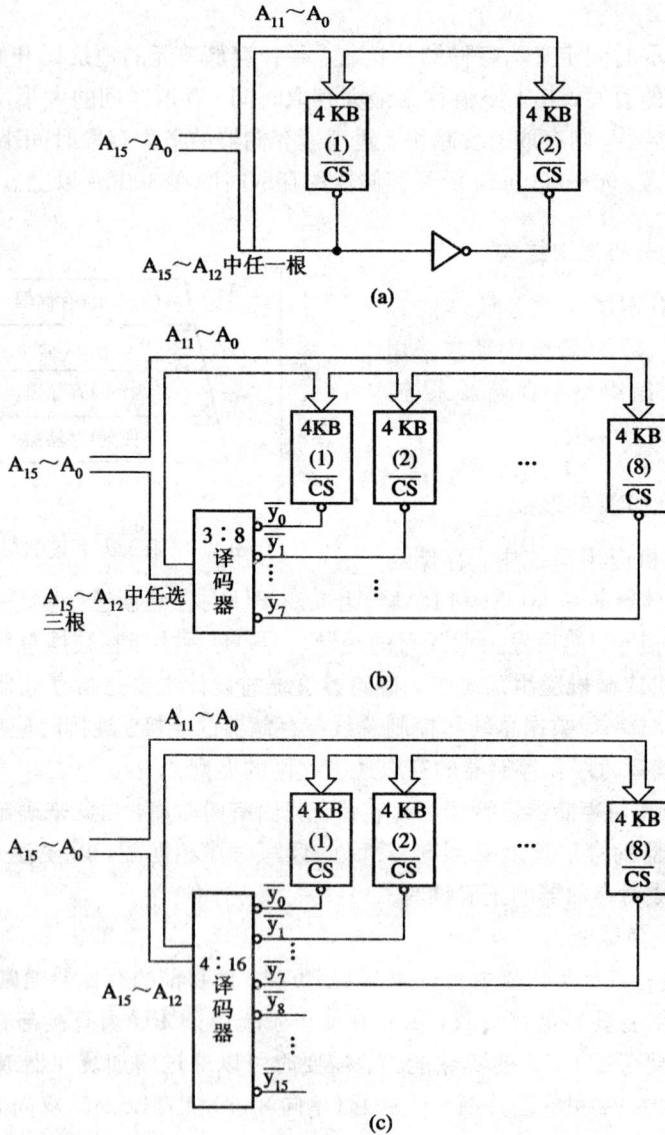

图 7.4　三种常用译码片选方法

(a) 线选法（构成 8 KB）；(b) 部分译码法（构成 32 KB）；

(c) 全译码法（构成 32 KB，最多可构成 64 KB）

6. 存储器地址译码

通过对高位地址总线的译码来产生片选控制信号,常用的方法有如下三种:

(1)线选法:利用高位地址总线的某一位或某几位来控制片选的方法称为线选法,如图 7.4(a)所示。使用线选法时,要保证每次只选中一个芯片。

(2)部分译码法:利用高位地址总线中的一部分进行译码,产生存储器芯片的片选信号,如图 7.4(b)所示。

(3)全译码法:利用全部高位地址总线进行译码,产生存储器芯片的片选控制信号,如图 7.4(c)所示。

三种译码产生的片选信号中,线选法和部分译码法的译码电路简单,当不需要全部存储空间的寻址能力时,可采用这两种方法。但二者都存在地址重叠和(或)地址不连续的问题,使寻址空间利用率降低,不便于进一步扩充存储容量。而全译码法可以提供对全部存储空间的寻址能力,且地址空间的分配是唯一的和连续的。所以一般多采用全译码法,即使不需要全部存储空间,也可采用全译码法,多余的地址空间可留待扩展使用,如图 7.4(c)所示。

7.2 习 题

1. 用下列 RAM 芯片构成 32 KB 存储器模块,各需多少芯片?16 位地址总线中有多少位参与片内寻址?多少位可用作片选控制信号?

(1)1 K×1   (2)1 K×4
(3)4 K×8   (4)16 K×4

2. 若存储器模块的存储容量为 256 KB,则利用上题中给出的 RAM 芯片,求出构成 256 KB 存储模块各需多少块芯片?20 位地址总线中有多少位参与片内寻址?多少位可用作片选控制信号?

3. 一台 8 位微机系统的地址总线为 16 位,其存储器中 RAM 的容量为 32 KB,首地址为 4000H,且地址是连续的。问可用的最高地址是多少?

4. 某微机系统中内存的首地址为 4000H,末地址为 7FFFH,求其内存容量。

5. 某台 8 位微机,地址总线为 16 位,其存储器中具有用 8 片 2114 构成的 4 KB RAM,连线图如图 7.5 所示。问片选控制采用什么译码方法?若以每 1 KB 作为一组,则此 4 组 RAM 的基本地址是什么?地址有无重叠区,每一组的地址范围为多少?

6. 要给地址总线为 16 位的某 8 位微机设计一个容量为 12 KB 的存储器,要求 ROM 区为 8 KB,从 0000H 开始,采用 2716 芯片;RAM 区为 4 KB,从 2000H 开始,采用 2114 芯片。试画出设计的存储器系统的连线图。

7. 一台 8 位微机系统需将内存 RAM 扩充 8 KB,其扩充存储空间为 8000H 开始的连续存储区。设系统的地址总线为 $A_{15} \sim A_0$,数据总线为 $D_7 \sim D_0$,控制总线为 $\overline{MREQ}$ 和 $\overline{WR}$,存储器芯片用 2114。画出扩充的存储器模块的连接线路图。地址译码器选用 3-8 译码器 74LS138,需要的门电路可自行选择。

8. 选用合适的存储芯片和译码芯片为 8086 CPU（工作于最小模式）设计一个包含 8 KB 的 ROM 和 16 KB 的 RAM 的存储器系统。

9. 8088/8086/80286/80386/80486/Pentium/Pentium Ⅱ /Pentium Ⅲ 的寻址范围各为多少？

10. 简述高速存储器 Cache 的基本工作原理。

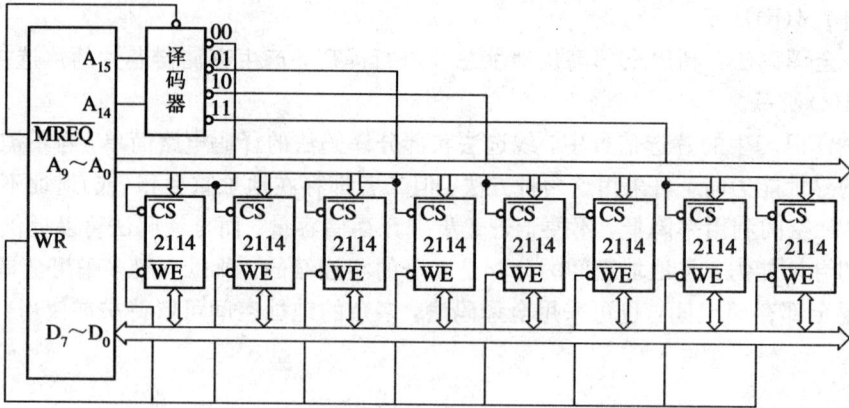

图 7.5　习题 5 的附图

第 8 章 高档微机的某些新技术

简要了解高档微机支持多任务的工作原理。要求理解高档微机是如何实现多任务并进行多任务的互相切换的，了解为实现多任务而采用的其它新技术。

8.1 高档微机采用的某些新技术

在我们使用的大多数微机系统中的微处理器都属于 Intel 公司的 8086 微处理器家族。该家族从 8086 到 80286、80386、80486、Pentium，这里把由 80386、80486 和 Pentium 构成的微机系统称为高档微机。为了提高微机的性能，实现多任务及其互相转换，高档微机中相继采用了许多先进的计算机软硬件新技术，这些新技术主要体现在以下几个方面。

1. 高速缓冲存储器技术

随着微机性能的提高，存取速度的"瓶颈"问题越来越严重。为了解决这个问题，加快运算速度，在 32 位微处理器和微机中，普遍在 CPU 与常规内存之间增设了一级或两级高速小容量存储器，称之为高速缓冲存储器(Cache)，其存取速度比内存要快一两个数量级，大体上与 CPU 的处理速度相当。有了 Cache 以后，CPU 在寻址指令或操作数时，首先要看其是否在 Cache 中，若在，就立即高速存取；否则，就按常规的内存访问，同时将所访问内容和相关数据块复制到 Cache 中。当指令或操作数在 Cache 中时，称为"命中"，否则称为"未命中"。配置 64 KB Cache 的 386 微机的命中率可达 90％以上，而目前 80486 及以上高档微机系统均配有两级 Cache，包括 CPU 片内的一级 Cache 和 CPU 外部的二级 Cache。二级 Cache 的容量比片内 Cache 的容量大得多，因此，一级 Cache 未命中的，在二级 Cache 中大多都能命中。

2. RISC 技术

RISC(Reduced Instruction Set Computer)即精减指令集计算机。RISC 作为一种设计计算机的基本原则，其目的是精简指令系统中的指令数目，简化 CPU 芯片的复杂程度，加速每条指令的执行速度，使大部分指令能在一个时钟周期内完成。相对于传统的 CISC(Complex Instruction Set Computer)复杂指令集计算机，RISC 的主要特征为：

(1) 采用统一的指令长度和格式，减少指令条数、指令种类和寻址方式，以缩短指令译码和执行时间；

（2）采用指令流水线技术，扩大并行处理范围；

（3）增加 CPU 内通用寄存器的数量，使所有计算机指令只在寄存器之间操作；

（4）内置高性能浮点运算部件；

（5）用硬件逻辑实现指令的操作，很少或不用 CISC 的微程序。

3. 流水线技术

流水线(PipeLine)技术是一种将每条指令分解为多步，并让不同指令的各步操作重叠，从而实现多条指令流的并行处理，以加速程序运行的速度。

80386 及其以上微处理器都采用了流水线技术，其中 80486 使用了 5～6 级流水线结构。当流水线深度在 5～6 级以上时，称为超流水线结构(Superpipelined)。流水线级数越多，指令流速度就越快。而 Pentium 微处理器则采用两条指令流水线结构(称为超标量流水线)，这种流水线结构允许 Pentium 在单个时钟周期内执行两条整数指令，比相同频率的 80486DX CPU 性能提高 5 倍。

4. 虚拟存储器技术

虚拟存储器是把内存和外存(如磁盘)有机地结合起来，扩大用户可用存储空间的技术。这里将用户可用的存储空间称为虚拟空间，内存的实际空间称为物理空间，内存和外存有机结合构成的这个虚拟空间的假想存储器称为虚拟存储器。

虚拟存储器技术的采用，使程序的可用存储空间不受内存空间的限制，即允许同一程序的一部分在内存，其它部分在外存。运行时在操作系统的统一管理下，完成程序由外存到内存的传送和 CPU 的执行。其中的虚拟存储地址空间是程序可用的空间，而物理地址空间是 CPU 可访问的内存空间。前者比后者要大得多。如 386/486 中，虚拟存储空间最大可达 2^{46}B(64 TB)，而物理存储空间(由 CPU 地址总线宽度决定)为 2^{32} B(4 GB)，前者为后者的 2^{14} 倍。

5. 多工作模式

在微处理器的发展过程中，为了解决性能提高与兼容的矛盾问题，采用了多工作模式。

80286 可工作于实地址模式和保护模式。在实地址模式中，80286 采用 8086/8088 的单任务工作方式，而在保护模式中，80286 具有虚拟内存管理和多任务处理功能，并在访问超出权限时，进行告警并拒绝访问。而 80386 及以上微处理器除具有 80286 的这两种工作模式外还增加了虚拟 8086 模式，在这种工作模式下，可模仿多个 8086 进行多任务处理。

8.2 习　　题

1. 什么是虚拟存储器？其作用是什么？80386/80486 的虚拟存储器容量最大有多少？

2. 80386/80486 有哪三种工作模式？各有何特点？

3. 80486 CPU 如何实现多任务转换？多任务时 CPU 工作在何种模式下？

4. 什么叫流水线技术和超标量、超流水线技术？

5. 什么叫高速缓冲存储器技术？微机采用这种技术的根本目的是什么？

6. 试比较实工作模式和仿 8086 工作模式的异同。

7. 80486 的逻辑地址、物理地址和线性地址分别指什么？它们的寻址能力分别为多少？

8. 保护工作模式下的保护是何含义？该工作模式下主要进行哪几方面的保护功能？

9. DOS 下对超过 640 KB 的内存如何管理？

第9章 CMOS 和 ROM BIOS

CMOS 和 ROM BIOS 作为微机系统中的重要组成部分，在微机系统的参数配置、系统运行及基本输入输出程序设计方面都起着重要的作用。通过本章的学习，掌握微机系统的设置方法，并通过后续各章的学习，掌握 BIOS 中的有关软中断调用的使用方法。

9.1 学习要点

1. CMOS

CMOS 是用来存储系统硬件信息的互补金属氧化型半导体芯片，它带有自己的小电池，即使在关掉电源后，其中的一些信息也仍然能够保留下来；当添加新设备时，CMOS 的内容必须进行修改（见 Set up）以适应硬件的变化，而目前新的 CMOS 版本能够自动检测和标识新的硬件设备。

2. ROM BIOS

BIOS 是基本输入输出系统的英文缩写，通常称为计算机的固件。BIOS 是驻留在主机板 ROM 芯片中的程序代码，它包含两大部分（开机加电后的直接运行部分和 BIOS 调用部分），由 4 个模块组成。

1）加电自检（POST）模块

当基于 Intel 处理器的微机加电时，CPU 开始在实模式中运行，并从 ROM 芯片中读取 BIOS 程序，首先测试计算机的所有已知硬件，包括 CPU、内存、视频、键盘、串并口、软驱和硬盘等。

2）系统初始化模块

在 POST 完成后，计算机将显示 CMOS 信息，然后 BIOS 将装载操作系统，完成集成电路芯片初始化、设置中断向量及将 DOS 的引导部分装入内存 3 项操作。

3）中断和输入输出子程序模块

ROM BIOS 中包含有对许多设备进行输入输出操作的子程序，它们以软中断形式提供给用户使用，完成键盘读入、屏幕显示、磁盘读写、串行通信、内存大小测定、日期时间读写设置等功能。BIOS 软中断调用的方法同 DOS 功能调用，但比 DOS 功能调用更为底层，可用于中断处理程序中。

　4）系统设置模块

　ROM BIOS 中的系统设置就是对微机系统的物理配置进行装入(装入默认值)或修改,以达到优化配置、使用计算机硬件和软件资源的目的。具体内容参见教材 9.3 节。

9.2 习　　题

1. 如何查看微机系统中 CMOS RAM 中的内容?

2. 开机加电后,CPU 从什么地址开始执行? 首先要进行的工作是什么?

3. 通过 BIOS 的软中断调用,可进行哪些设备的输入输出控制?

4. BIOS 软中断调用与 DOS 功能调用有何异同? 哪一种可在用户的中断服务程序中使用?

5. 什么叫 RAM 的影像内存? 它有何优点?

第 10 章 输入输出接口(1)

本章讨论主机板上与输入输出有关的逻辑,重点掌握有关输入输出的基本知识,微机系统的中断功能及实现。掌握中断控制器 8259 的工作原理及其编程;重点掌握定时计数器 8253/8254 的工作原理及其应用编程;掌握输入输出接口的基本结构、DMA 传送方法和 8237 的使用;掌握 ISA 系统总线结构;掌握键盘接口及其应用。

10.1 学 习 要 点

1. IN 和 OUT 指令

这两条指令是 CPU 与外设之间数据传送的基本方法之一。它们与 MOV 指令类似(MOV 指令用于 CPU 与存储单元之间的数据交换,而 IN、OUT 指令用于 CPU 与外设之间的数据交换),但它们只有两种寻址方式:直接寻址(直接给出 8 位的端口地址)和寄存器间接寻址(在 DX 中给出端口地址)。另一个操作数只能是寄存器寻址(AL 或 AX),这取决于访问端口的位数。

2. 三种基本输入输出方式

主机与外设之间进行数据、状态及命令等信息的传送时主要有三种方式:程序直接控制传送方式、程序中断控制方式和存储器直接存取(DMA)方式。它们传送信息的速度依次越来越快,其传送效率也越来越快,但其实现和管理的复杂性也越来越高。

程序直接控制和中断控制传送方式下的信息传送是通过 IN 和 OUT 指令实现的,而 DMA 方式则在存储器与外设之间架起直接访问的通路,因此与 CPU 的 IN、OUT 指令无关,其存储速度是芯片速度。

3. I/O 端口的地址译码

端口地址译码是一个重点。首先要搞清楚教材的第 348 页图 10.6、10.7、10.8 所示的三种端口的典型结构,彻底掌握各种端口的译码方法。

端口地址译码分为线选法、部分地址译码和全地址译码三种。它与存储器的译码器设计不同：① 参加译码的地址线数量不同，一般存储器模块内所含的存储单元较多，其片内地址线较多，因此用于地址译码的地址线较少。② 参加译码的控制信号不同，以 8086 最大方式系统为例，用于控制存储器芯片读写的信号为 $\overline{MRDC}$、$\overline{AMWC}$ 和 $\overline{MWTC}$，而控制端口读写的信号为 $\overline{IORC}$、$\overline{IOWC}$ 和 $\overline{AIOWC}$。

4. CPU 对中断的管理

微机系统中，中断由两个方面决定：CPU 本身具备响应和处理中断的能力；外部逻辑、中断控制器能够产生和管理中断的能力。

中断系统是微型计算机系统重要的组成部分，其要点有：

(1) 中断：CPU 暂停正在执行的程序，转去执行处理中断事件的中断服务程序，执行后再返回原处继续执行的过程。

(2) 按引起中断的事件(即中断源)不同，将中断可分为内部中断和外部中断。内部中断分为异常中断和软中断两类；外部中断分为可屏蔽中断和非可屏蔽中断两类(分别由 CPU 的引脚 INTR 和 NMI 向 CPU 发中断请求)。

(3) CPU 可响应的中断数最多可达 256 个，每个中断对应于一个中断号，由中断向量表对中断入口地址进行管理。

中断向量表为存储器最低地址的 1024 个单元，每 4 个单元为一组，存放一个中断服务程序的 32 位入口地址(前 16 位为偏移地址，后 16 位为段地址)。当某个中断发生时，CPU 应获得中断类型号 n，在响应时即从 4n 处取出该中断相应的服务程序的入口地址，其 16 位偏移地址置入 IP，16 位段地址置入 CS，即转向执行中断服务子程序。

(4) 各种中断类型响应的过程稍有不同，典型的非可屏蔽中断的响应过程分五步：等待当前指令结束，获取中断类型号、断点保护，清除 IF、TF 位并转向中断服务子程序。

5. 中断控制器 8259A

8259A 是可编程大规模集成电路，本章典型例题 10.2 给出了其与系统总线连接的示意图。8259A 的编程分初始化编程和应用编程两大部分，应着重理解各命令字的含义。8259A 应用编程较难，只要求了解，但要求掌握中断结束方式和中断优先级管理方式中的正常完全嵌套方式。

6. 定时/计数器 8254

8254 是可编程芯片，它与计算机系统关系密切，一般计算机系统中都会包含实时/计数器。要求掌握：

(1) 8254 的编程模型及六种工作方式的控制字的设置。

(2) 8254 与系统总线的连接类似于 8259A，应该重点掌握地址译码器设计或分析。

(3) 8254 的六种工作方式总结如下表：

方式	功能	GATE 作用	OUT 信号形式
方式 0	计数达终值而中断	电平(高电平允许计数)	
方式 1	可编程单脉冲形成	上升沿触发作用	
方式 2	分频脉冲形成	电平+上升沿	
方式 3	频率可编程的方波产生	电平+上升沿	
方式 4	用软件触发产生选通信号	电平	
方式 5	用硬件触发产生选通信号	上升沿	

(4) 8254 的应用较为灵活,如典型例题 10.3。

7. 三态门接口芯片 74LS244

一个典型的三态门接口芯片(74LS244)如图 10.1 所示。该芯片由 8 个三态门构成,其中每 4 个为一组,分别由一个控制端($\overline{E}_1$ 或 $\overline{E}_2$)进行控制,当控制端有效时(低电平),三态门导通;当控制端为高电平时,相应的三态门呈现高阻状态。

利用三态门可以实现输入信号的接口。在利用 74LS244 作为输入端口时,要求信号的状态是能够保持的,这是因为 74LS244 三态门本身没有对信号的保持或锁存能力。图 10.2 就是一个利用三态门作为 8086 最大系统的并行输入接口的例子。图中,有 6 个开关(S_1,S_2,… S_6)需要用软件来测量其状态。当 CPU 从端口地址 20EH 读取时,可以得到开关 $S_1 \sim S_6$ 的状态。为了使端口地址的译码电路简单,地址 A_0 未参加译码,因此,这个接口本应占用两个地址,但由于数据线接的是 8086 的低 8 位数据线($D_0 \sim D_7$),故只有当 $A_0 = 0$(即偶地址)时才有效。当 CPU 读这一地址时,会使 $\overline{E}_1$ 和 $\overline{E}_2$ 同时有效。这时,三态门导通,$S_1 \sim S_6$ 的状态经数据线 $D_0 \sim D_7$ 读到 CPU 中,当 CPU 不读此地址时,$\overline{E}_1$ 和 $\overline{E}_2$ 为高电平,则三态门的输出为高阻状态。

图 10.1 74LS244 逻辑图

在图 10.2 中,三态门的输入为 6 个开关,由于芯片 244 有 8 个三态门可接 8 个输入状态信号,因此,两个输入空着未用,如果有更多的开关状态需要输入时,可用类似的方法接上两片或更多的芯片。开关的状态是比较长久、能够保持的,若输入的信号是瞬时的,则需要先将信号进行锁存(如教材第 348 页图 10.7 所示)。

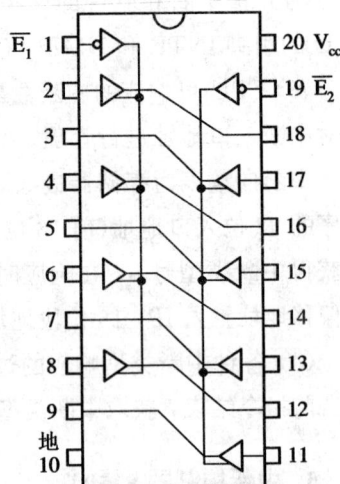

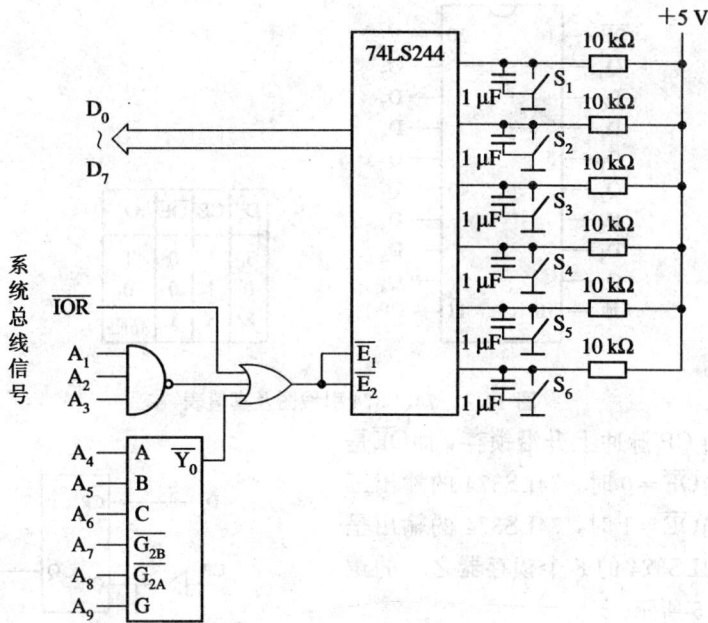

图 10.2　三态门输入接口

8. 锁存器 74LS373

三态门器件可以用作固定状态的输入接口。但是，由于 I/O 输出指令 OUT 的执行是瞬间完成的，三态门又没有保持（或称锁存）数据的能力，无法直接用它实现数据的输出接口。最简单的输出接口可由 D 触发器构成。目前，常用的芯片之一是 8D 锁存器 74LS273，它由 8 个 D 触发器构成。其引线图及真值表如图 10.3 所示。

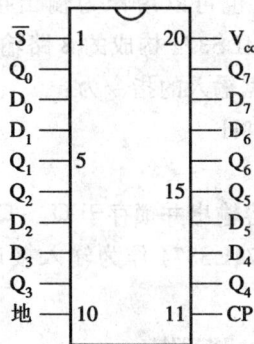

图 10.3　74LS273 引线图和真值表

$\overline{S}$	CP	D_x	Q_x
0	X	X	0
1	↑	1	1
1	↑	0	0

74LS273 利用 $\overline{S}$ 低电平复位，利用 CP 脉冲上升沿将输入端 D_x 的状态保存在 Q_x 输出端。它有 8 个输入端和 8 个输出端。

74LS273 的数据锁存输出端 Q 是通过一个普通门（二态门）输出的。也就是说，只要 74LS273 正常工作，其 Q 端总有一个确定的逻辑状态（0 或 1）输出，因此，74LS273 就无法直接用作输入接口，即它的 Q_x 端绝对不允许直接与系统总线的 $D_0 \sim D_{15}$ 相连接。

9. 带三态门的锁存器 74LS374

带三态门的锁存器 74LS374 是经常使用的一种接口芯片，其引线图与真值表如图 10.4 所示。

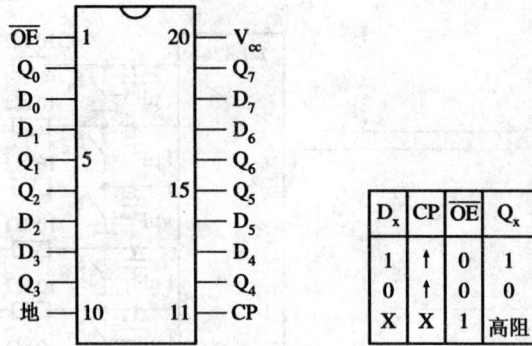

图 10.4   74LS374 引线图及真值表

74LS374 由 CP 脉冲上升沿锁存，而 $\overline{OE}$ 是允许输出端，当 $\overline{OE}=0$ 时，74LS374 的输出三态门导通。而当 $\overline{OE}=1$ 时，74LS374 的输出呈现高阻状态。74LS374 的 8 个锁存器之一的逻辑框图如图 10.5 所示。

74LS374 是 8 位的带有三态门输出的锁存器，比 74LS273 具有更大的灵活性，因此，它既可以作为输入接口，也可以用作为输出接

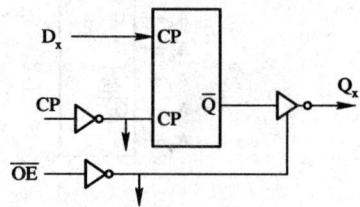

图 10.5   74LS373 的内部结构

口。图 10.6 就是利用 74LS374 构成的 8 路输出接口。由于将 $\overline{OE}$ 接地，其输出三态门一直处于导通状态。进行数据输入的指令为：

MOV   DX，0FFF8H

OUT   DX，AL

这时，可将 AL 中的内容输出并锁存于 $Q_0 \sim Q_7$。

图 10.7 给出利用 74LS374 作为输入接口。外设数据由外设提供的选通脉冲锁存在

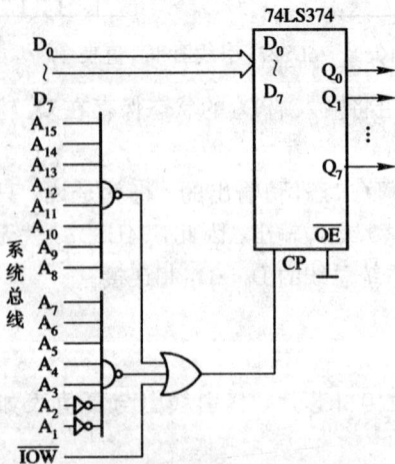

图 10.6   74LS374 用作输出接口

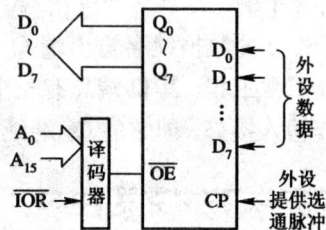

图 10.7   74LS374 用作输入接口

74LS374 内部。当 CPU 读该接口时，译码器输出低电平，使 74LS374 的输出三态门打开，从而在数据总线上读取 74LS374 中保存的数据。

10. 多种输入输出接口

利用 74LS244、74LS273、74LS374 等芯片，可以构造出多输入/多输出接口。但在应用中应注意，输出端口必须使用锁存器，这是因为 CPU 输出的数据只在总线周期期间有效；输入端口必须采用具有三态门控制的芯片，起到隔离作用。图 10.8 给出了一个双输入端口。

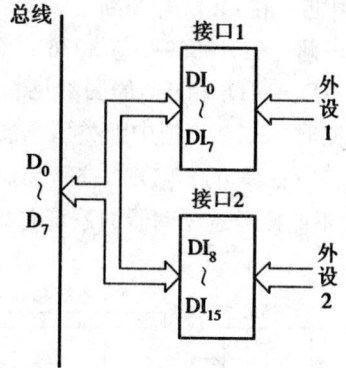

图 10.8　多输入接口示意图

如果输入接口均采用三态门，则在输入外设 1 的数据时，接口 1 被选通，$D_0 \sim D_7$ 上传送的就是 $DI_0 \sim DI_7$ 的有效数据，此时 $DI_8 \sim DI_{15}$ 呈现出高阻态，不会干扰 $D_0 \sim D_7$ 上的有效数据。若接口 1、接口 2 不是三态门，则 $DI_0 \sim DI_7$ 和 $DI_8 \sim DI_{15}$ 的每一根信号线上都输出 0 或 1，数据总线 $D_0 \sim D_7$ 就无法输入正确的数据。

10.2　例　题　分　析

例 10.1　用 8088 CPU 与简单接口组成查询输出系统，要求查询状态端口地址和输出数据口地址均为 0F4H。芯片自选，画出连接图并编一程序段实现：当查询到状态信号 D_7 为 1 时输出一个字节。

解　系统连接图如图 10.9 所示。

相应程序段如下：

```
      MOV DX, 0F4H
      IN AL, DX
      TEST AL, 80H
      JNZ NTR
      MOV AL, [SI]
          ; SI 指向输出数据缓存区
      INC SI
      OUT DX, AL
      ...
NTR:  ...
```

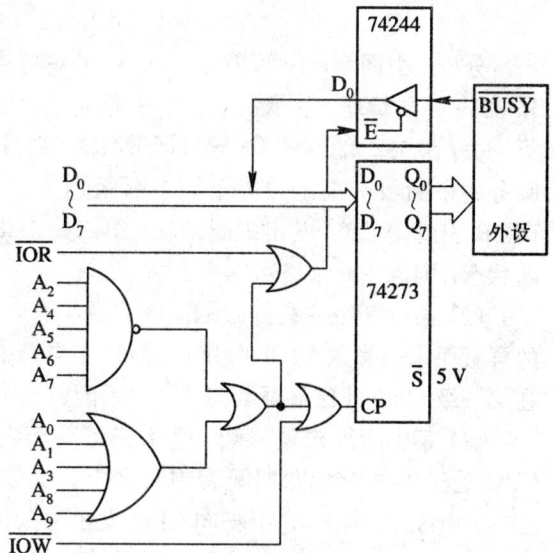

图 10.9　查询系统

例 10.2　(1) 若以 8086 最大方式建立一个微机系统，取一片 8259A 组成可屏蔽中断的外部控制逻辑。假设其有效地址为 300H～302H，试画连接简图。

(2) 某中断级在被屏蔽期间曾有瞬间有效的中断请求，屏蔽撤消后该请求能否引起中断(CPU 处于开中断状态)？

（3）某中断级未被屏蔽，在 CPU 处于关中断状态期间有中断请求，且优先级高于之前的中断，在 CPU 开中断后，该请求能否引起中断？

解 （1）8259A 与 8086 系统的连接如图 10.10 所示。（8259 的 $D_0 \sim D_7$ 要直接与 CPU 的 $AD_0 \sim AD_7$ 相连，原因参见教材第 230 页图 6.11，在中断响应周期的 INTA 的第二个负脉冲时，8259 应把中断类型码放到 $AD_7 \sim AD_0$ 上，由 CPU 读入，这时的读入不像 IN 指令执行时一样可产生 $\overline{DEN}$ 信号和 $DT/\overline{R}$ 信号，故打不开数据驱动器 8286，所以 8259 的 $D_0 \sim D_7$ 不能接经过驱动器的系统总线的 $D_0 \sim D_7$）。

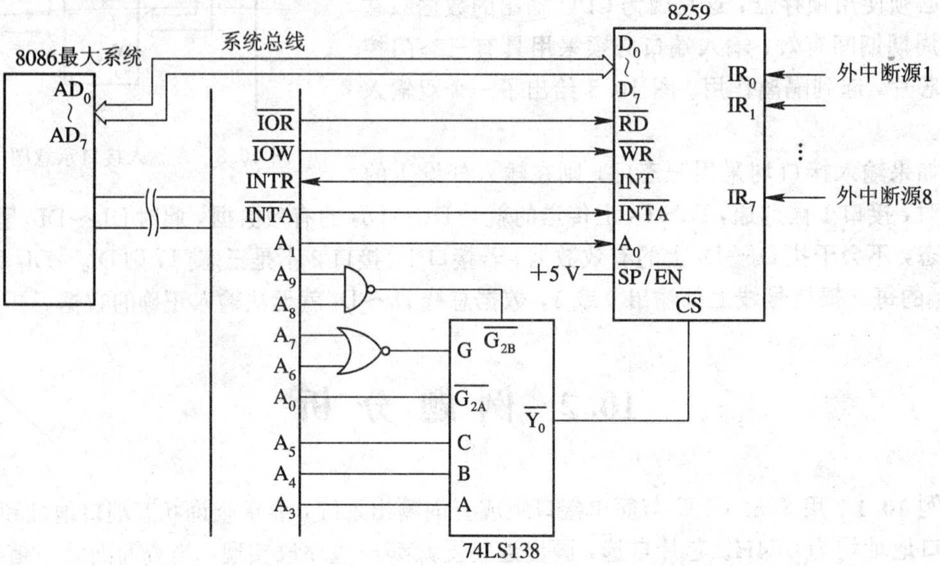

图 10.10 中各部分标注：8086最大系统、系统总线、8259；8086 侧 $AD_0 \sim AD_7$；$\overline{IOR}$、$\overline{IOW}$、INTR、$\overline{INTA}$、A_1、A_9、A_8、A_7、A_6、A_0、A_5、A_4、A_3；74LS138（G、$\overline{G_{2B}}$、$\overline{G_{2A}}$、C、B、A、$\overline{Y_0}$）；8259 侧 $D_0 \sim D_7$、$\overline{RD}$、$\overline{WR}$、INT、$\overline{INTA}$、A_0、+5 V、$\overline{SP}/\overline{EN}$、$\overline{CS}$；$IR_0$、$IR_1$ …… IR_7；外中断源1 …… 外中断源8。

图 10.10　8259 与 8086 系统连接图

分析：由图 10.10 可看出，PC 机中对可屏蔽中断的管理采用的是双级管理——CPU 和 8259 共同管理。这意味着，中断源有一中断请求时，该中断若要发生，必须通过两关。第一关，8259。8259 的 OCW1（即 IMR）未对该位进行屏蔽，且 8259 的 ISR 中记录的正在服务的中断没有高于或等于该中断级别的中断，则 8259 检验通过，由其 INT 引脚通过 INTR 引脚向 CPU 发出中断请求；第二关，CPU 检验 IF 位，若 IF＝1，即 CPU 处于开中断状态，则该中断最终可响应。

（2）某中断级在被屏蔽期间曾有瞬间有效的中断请求，该请求因 8259 的 IMR 对该位的屏蔽而未能锁入 8259 的 IRR，所以当屏蔽撤消后，即使 CPU 处于开中断状态，该请求在第一级 8259 处已被屏蔽掉了，故不能引起中断。

（3）某中断级未被屏蔽，且优先级高于之前的中断，故可通过 8259 的检验，虽然在 CPU 处于关中断状态期间有中断请求，在 CPU 开中断后请求已撤消，但该请求已锁入 8259，由 8259 的 INT 引脚向 CPU 发出中断请求，若 CPU 一直处于关中断状态，则不能引起中断，一旦 CPU 开中断，就会引起中断。

说明：（1）搞懂了这个过程及 8259 的工作原理，有关中断的许多问题，包括较复杂的中断嵌套问题，均可迎刃而解。

（2）8086 的一个难点在于其 16 条数据线的使用。一般外设只需要用 8 条线，具体用低 8 位还是高 8 位，便有了奇、偶地址的问题。所遵循的原则是教材第 219 页的表 6.2。图

10.10 中，8259 的地址线 A_0 不可接地址总线的 A_0，地址总线中的 A_0 虽未参加地址译码，但却不能像一般的部分地址译码一样简单地认为其 0、1 态均可，因其所接为 8086 的低 8 位数据线，故此 8259 的可用地址只能是偶地址，即 A_0 为 0 有效。其地址分析过程为：

$$A_9 \quad A_8 \quad A_7 \, A_6 \, A_5 \, A_4 \quad A_3 \, A_2 \, A_1 \, A_0$$

$$1 \quad 1 \quad 0 \quad 0 \quad 0 \quad 0 \quad 0 \quad x \quad 0 \quad 0 \quad \longrightarrow \quad 300H \text{ 或 } 304H$$

$$1 \quad 1 \quad 0 \quad 0 \quad 0 \quad 0 \quad 0 \quad x \quad 1 \quad 0 \quad \longrightarrow \quad 302H \text{ 或 } 306H$$

因地址线的 A_2 未参加译码，故此 8259 占用了两组地址，基本地址是 300H、302H，影象地址 304H、306H 也可用于编程。

(3) 地址译码是典型的硬件考题，一定要熟练掌握。此部分内容虽属于《数字电路》的内容，但在《微机原理》中，从存储器一章引入后，便是硬件部分的一个重点，故在此又一次重复。最简单的考核形式是给出地址译码电路，分析端口地址；或者是给出端口地址，要求设计出译码器，或将残图补充完整。

(4) 地址译码器设计时所参加的信号除了地址总线外，要根据是最大系统还是最小系统选择需参加译码的控制信号线（通常，最小系统有 IO/$\overline{M}$，$\overline{WR}$，$\overline{RD}$，最大系统有 $\overline{IOR}$，$\overline{IOW}$ 或 $\overline{MEMW}$、$\overline{MWMR}$ 等）；还要根据是系统机还是自己设计的不含 DMA 的系统来选择是否加入 AEN 信号。

例 10.3 某 8086 最小系统中，有一片 8254 的连接简图如图 10.11 所示，分析之，并回答：

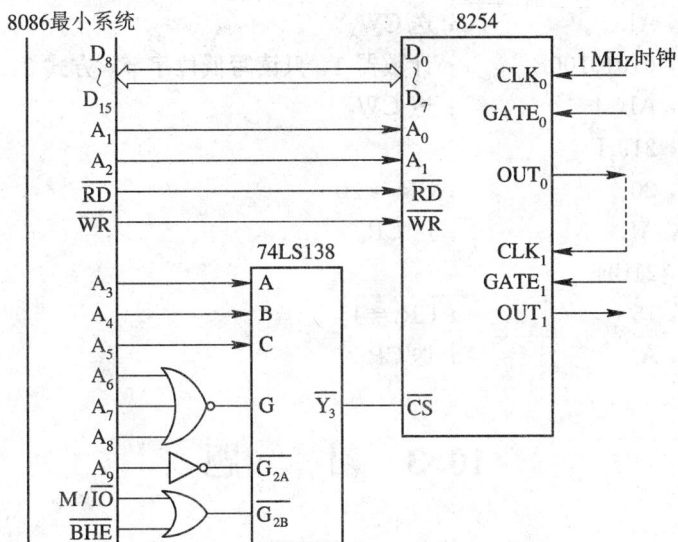

图 10.11　8254 连接图

(1) 8254 的端口地址是什么？

(2) 用同一片 8254 的两个计数器串接产生如图 10.12 的周期性波形，可用的时钟信号为 1 MHz 脉冲。此时，两个计数器各设置成什么方式？加上必要的

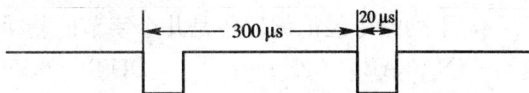

图 10.12　要求产生的信号波形

连线，然后编写 8254 初始化程序。

解 （1）参照上例，地址分析如下：

A_9	A_8	A_7	A_6	A_5	A_4	A_3	A_2	A_1	A_0		
1	0	0	0	0	1	1	0	0	1	$\longrightarrow$	219H
1	0	0	0	0	1	1	0	1	1	$\longrightarrow$	21BH
1	0	0	0	0	1	1	1	0	1	$\longrightarrow$	21DH
1	0	0	0	0	1	1	1	1	1	$\longrightarrow$	21FH

（2）分析：要产生图 10.12 的周期性波形，8254 必须工作于方式 2（8254 的六种工作方式中只有方式 2 和方式 3 是周期性的，方式 3 是方波，故可确定输出此波形的计数器工作于方式 2）。因方式 2 的负脉冲的宽度为计数器的时钟信号的一个周期，$CLK_0=1$ MHz，其一个周期为 1 μs，所以可知计数器 0 不是最终输出要求波形的计数器，假设 OUT_1 输出所要求的波形，则 CLK_1 应该是周期为 20 μs 的时钟，这个时钟可由系统提供的 1 MHz 通过计数器 0 分频而来，即计数器 0 工作于方式 2 或 3，$CR_0=20$。同理，可算出 $CR_1=300/20=15$。所加连线为将 OUT_0 与 CLK_1 连起来（如图中虚线所示），GATE0 和 GATE1 接 +5 V。

8254 的初始化程序为：

```
MOV   DX, 21FH
MOV   AL, 00010110B    ;计数器 0，只读写低位字节，方式 2，二进制方式
OUT   DX, AL           ;送 CW₁
MOV   AL, 01010100B    ;计数器 1，只读写低位字节，方式 2，二进制方式
OUT   DX, AL           ;送 CW₂
MOV   DX, 219H
MOV   AL, 20           ;CR₀=20
OUT   DX, AL           ;送 CR₀
MOV   DX, 21BH
MOV   AL, 15           ;CR₁=15
OUT   DX, AL           ;送 CR₁
```

10.3　习　　题

1. 写出指令，将一个字节输出到端口 25H。

2. 写出指令，将一个字从端口 1000H 输入。

3. 写出指令，分两次将 1000 从端口 1000H 输出，先输出低字节，后输出高字节。

4. 下列指令经汇编后各是几个字节的指令？

　　IN　AL　52H；　　　　　OUT　0CH, AL
　　IN　AX　DX；　　　　　OUT　DX, AX

5. 编写一段指令序列，功能是轮流交替地测试分别属于两个设备的两个状态寄存器。

当测知某个状态寄存器的位 0 是 1，则从这个状态寄存器对应的设备读入数据。每读入一个字节对这个状态寄存器进行一次测试。如果测得位 3 为 1，则停止这个设备的读入，再进入轮流测试状态。假设两个状态寄存器的端口地址分别是 300H 和 308H，两个输入数据端口分别是 302H 和 30AH，输入数据存入数据存储器，开始地址分别是 BUFF1 和 BUFF2。

6. 当采用_____输入操作情况下，除非计算机等待数据，否则无法传送数据给计算机。

    A）程序查询方式

    B）中断方式

    C）DMA 方式

7. 在微型机接口中，设备地址选片的方法有哪几种？如何选用？

8. Intel 80x86CPU 可以访问的 I/O 空间有：

    A）4 GB   B）1 MB

    C）64 KB   D）1 KB

9. 8086 CPU 有 ___①___ 条地址总线，可形成 ___②___ 的存储器地址空间，可寻址范围为 ___③___ ；地址总线中的 ___④___ 条线可用于 I/O 寻址，形成 ___⑤___ 的输入输出地址空间，地址范围为 ___⑥___ ；PC 机中用了 ___⑦___ 条地址线进行 I/O 操作，其地址空间为 ___⑧___ ，可寻址范围为 ___⑨___ 。

10. 存储器的每个字节单元占存储器地址空间的一个地址；相应的，输入输出端口占地址空间的_____。

11. 实现主机与外设之间同步需要解决的基本问题有二，一为_____，另一为_____。

12. 主机与外设之间实现数据的输入输出的基本方式有_____和_____。

13. 对于微机而言，任何新增的外部设备，最终总是要通过_____与主机相接。

14. 在主机板外开发一些新的外设接口逻辑，这些接口逻辑的一侧应与_____相接，另一侧与_____相接。

15. I/O 接口的含义，从硬件来说，包括_____，_____，____；从软件来说，可以理解为_____和_____。

16. 对于用户而言，接口设计的任务就是开发出_____和_____。

17. 需要靠在程序中排入 I/O 指令完成的数据输入输出方式有_____。

    A）DMA   B）无条件程序直接传送

    C）程序查询控制式   D）中断方式

18. 系统总线是通过_____与外设的接口逻辑相连接的，所有_____是并联的。

19. 8086 CPU 用_____指令从端口读入数据，用 OUT 指令_____。

20. 在下列指令中，能使 80x86CPU 对 I/O 端口进行读/写访问的是：

    A）中断指令   B）串操作指令

    C）输入/输出指令   D）MOV 指令

21. 在 IBM PC 机接口开发中用到某一大规模集成电路芯片，其内部占 16 个 I/O 端口地址，分配占用 300～30FH，请设计一个片选信号 CS 形成电路。

22. IBM PC 系统中，如果 AEN 信号未参加 I/O 端口地址译码，将出现什么问题？在没有 DMA 的某微机系统中，是否存在一样的问题？

23. 利用三态门(74LS244)作为输入接口，接口地址规定为 04E5H，试画出其与 8086 最小系统总线的连接图。

24. 利用三态门输出的锁存器(74LS244)作为输出接口，接口地址规定为 E504H，试画出其与 8086 最大系统总线的连接图。若上题中输入接口的 bit 4 和 bit 7 同时为 0 时将 DATA 为首地址的 10 个内存数据连续由输出接口输出；若不满足条件则等待，试编写相应的程序段。

25. 什么是中断？PC 机中有哪些种类的中断？借助中断机制可实现哪些操作功能？

26. 中断向量表的功能是什么？详述 CPU 利用中断向量表转入中断服务程序的过程。

27. 简述实模式下可屏蔽中断的中断响应过程？

28. 如果利用中断方式传输数据，数据是如何传输的？中断结构起了什么作用？

29. 根据中断过程的要求设计的一个中断系统，大致需要考虑哪些问题？

30. 类型 14H 的中断向量(即中断服务程序的 32 位入口地址)存储在存储器的哪些单元里？

31. 给定(SP)＝0100，(SS)＝0300，(PSW)＝0240，以及存储单元的内容(00020)＝0040，(00022)＝0100，在段地址为 0900 及偏移地址为 00A0 的单元中有一条中断指令 INT 8，试问执行 INT 8 指令后，SP、SS、IP、PSW 的内容是什么？栈顶的三个字是什么？

32. 8259 初始化编程是如何开始的？顺序如何？

33. 设某微机系统要管理 64 级中断，问组成该中断机构时需_____片 8259。

A) 8 片   B) 10 片

C) 9 片   D) 64 片

34. 完全嵌套的优先级排序方式的规则是什么？用哪些操作命令且在什么时候设置命令能保证这种优先级排序规则实现？

35. 如设备 D1、D2、D3、D4、D5 按完全嵌套优先级排列规则。设备 D1 的优先级最高，D5 最低。若中断请求的次序如下所示，试给出各设备的中断处理程序的次序。假设所有的中断处理程序开始后就有 STI 指令，并在中断返回之前发出结束命令

(1) 设备 D3 和 D4 同时发出中断请求；

(2) 在设备 D3 的中断处理程序完成之前，设备 D2 发出中断请求；

(3) 在设备 D4 的中断处理程序完成之后，设备 D5 发出中断请求；

(4) 以上所有中断处理程序完成并返回主程序后，设备 D1、D3、D5 同时发出中断请求在设备 D3 的中断处理程序完成之前，设备 D2 发出中断请求。

36. 初始化时设置为非自动结束方式，那么在中断服务程序将结束时必须设置什么操作命令？如果不设置这种命令会发生什么现象？

37. 初始化时设置为自动结束方式，那么中断嵌套的深度可否控制？

38. 中断服务程序结束时，用 RETF 指令代替 IRET 指令能否返回主程序？这样做存在什么问题？

39. 总结一下，在哪些情况下需用 CLI 指令关中断？在哪些情况下需用 STI 指令开中断？

40. 按中断源处于 CPU 内部还是外部，中断可分为外部中断和_____两类，前者又分为_____和_____。

41. 一次程序中断大致可分为：(1) ____ ，(2) ____ ，(3) ____ ，(4) ____ ，(5) ____ 等过程。

42. 采用 DMA 方式传送数据时，每传送一个数据就要占用_____的时间。

    A) 一个指令周期

    B) 一个机器周期

    C) 一个存储周期

    D) 一个总线周期

43. DMA 方式数据传送与程序控制数据传送相比较，有何不同之处？

44. 通道程序是由_____组成的。

    A) I/O 指令

    B) 通道控制字(或称通道指令)

    C) 通道状态字

45. 在以 DMA 方式传送数据的过程中，由于没有破坏_____和_____的内容，所以一旦数据传送完毕，主机可以立即返回原程序。

46. 如果认为 CPU 等待设备的状态信号是处于非工作状态(即踏步等待)，那么，在下面几种主机与设备数据传送方式中，___(1)___主机与设备是串行工作的，___(2)___主机与设备是并行工作的，___(3)___主程序与外围设备是并行运行的。

    A) 程序查询方式；

    B) 中断方式；

    C) DMA 方式

47. 系统总线的发展过程是：从_____系统总线开始，经历了_____总线，又发展为_____总线和_____总线。

48. RS－232 接口是___(1)___接口，它通常用对___(2)___连接和___(3)___之间的连接，AS－232 标准规定采用___(4)___逻辑，其逻辑"1"电平在___(5)___的范围内，逻辑"0"电平在___(6)___的范围之内。

49. 比较 8253 的方式 0 与方式 4、方式 1 与方式 5 有什么区别？

50. IBM PC/XT 系统中 8253 的计数器 0 用于产生实时时钟中断请求信号，中断服务程序如教材第 369 页程序所示。请问 8253 的计数器 0 被初始化为什么状态？

51. 如 50 题所述，实时时钟中断服务程序中有 INT 1CH 指令为用户提供一个出入口，请你编一程序利用这一出入口在屏幕上每隔大约 1 s 更新并显示时间。

52. 通过 8253 的计数器 0 产生中断请求信号，欲在可设最大初值范围内延长产生中断的时间，无效的方法是_____。

    A) 初始化时使 CR0 尽量大

    B) 在 OUT$_0$ 变高之前重置初值

    C) 在 OUT$_0$ 变高之前在 GATE$_0$ 加一触发信号

    D) 降低加在 CLK$_0$ 端的信号频率

53. 已知某可编程接口芯片中计数器的端口地址为 40H，计数频率为 2 MHz，该芯片的控制字为 8 位二进制数，控制字寄存器的端口地址为 43H，计数器达到 0 值的输出信号用作中断请求信号，执行下列程序后，中断请求信号的周期是_____ ms。

```
MOV AL, 00110110B
OUT 43H, AL
MOV AL, 0FFH
OUT 40H, AL
OUT 40H, AL
```

54. 若 8253 芯片可利用 8086 的外设接口地址 D0D0H～D0DFH，试画出电路连接图，加到 8253 上的时钟信号为 2 MHz：

(1) 若利用计数器 0，1，2 分别产生下列三种信号：

① 周期为 10 μs 的对称方波；

② 每 1 s 产生一个负脉冲；

③ 10 s 后产生一个负脉冲。

每种情况下，试说明 8253 如何连接并编写包括初始化在内的程序。

(2) 若希望利用 8086 通过接口控制 GATE，当 CPU 使 GATE 有效开始时，20 μs 后在计数器 0 的 OUT 端产生一个正脉冲，试设计完成此要求的硬件和软件。

55. 说明 8254 的六种工作方式？若加到 8254 上的时钟频率为 0.5 MHz，则一个计数器的最长定时时间是多少？若要求 10 分钟产生一次定时中断，试提出解决方案。

56. 在 IBM PC 系统中根据下列不同条件设计接口逻辑，均利用 8253，都完成对外部脉冲信号测重复频率的功能。

(1) 被测脉冲信号的重复频率在 10～1000 Hz 范围内。

(2) 被测脉冲信号的重复频率在 0.5～1.5 Hz 范围内。

(3) 被测脉冲信号重复频率在 10～100 Hz 范围内。

(4) 被测是间歇脉冲信号，每次有信号时有 100 个脉冲，重复频率为 0.8～1.2 MHz 间歇频率大约 15 次每秒，要求测有信号时的脉冲重复频率。

57. 图 10.13 是数字输入键盘电路，图中的开关是通过按键进行闭合的开关。当第四个开关被按下时，若按照 DCBA 的顺序连续显示"1"(高电平)或"0"(低电平)，则 DBCA 的状态为 ___(1)___。所以，可以把第四个开关看作是对应于十进制数 ___(2)___ 的键，这种电路一般被称为 ___(3)___。其次，为了显示对应于电路输出的十进制数，可以先在该电路的后部连接 ___(4)___，然后再连接 ___(5)___。

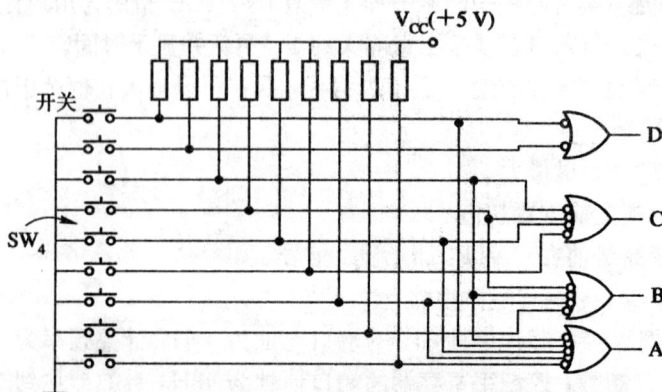

图 10.13 数字输入键盘电路

供（1）、（2）选择的答案：

A) 0010　　　　　　　　　B) 0010

C) 0101　　　　　　　　　D) 0110

E) 2　　　　　　　　　　F) 3

G) 5　　　　　　　　　　H) 6

供（3）、（4）和（5）选择的答案：

I) 7 段发光二极管

J) BCD－10 进制数译码器

K) BCD－7 段译码器

L) 进制数－BCD 编码器

58. 判断题：

（1）8254 芯片不接入扩充槽的系统总线。

（2）IN DST，SRC 指令中，SRC 的寻址方式为寄存器方式，DST 的寻址方式有直接和间接两种。

（3）从地址为 0FEH 的端口读一字节的指令可以是 IN AL，0FEH；也可以是

MOV　DX，0FEH

IN　　AL，DX

（4）向地址为 0FE2H 的端口输出一字的指令与（3）题类似，只是其目的操作数而非源操作数有两种寻址方式。

（5）IN 和 OUT 指令将影响 ZF 位。

（6）程序中断方式输入输出的含义是利用 CPU 响应内中断的能力，用 IN 和 OUT 指令(即程序)来实现数据的输入输出。

（7）系统总线是主机板与外界之间的直接界面，任何一个外设均可直接"挂"到该总线上。

（8）占用多个 I/O 端口的大规模集成电路的地址译码器的设计类似于存储器的地址译码器设计，只是地址范围小得多，控制信号有所不同。

（9）主机与键盘之间有一条线专用于传送从键盘到主机的串行键扫描码，不能反向传送。

（10）一个中断类型号乘以 4，就是该中断服务程序的入口地址。

第 11 章　输入输出接口(2)

本章重点在于打印机接口和串行通信接口,前者为并行接口。并行、串行是计算机通信的两种方式,是输入输出接口的重要内容。其它要了解的内容有:显示系统及编程应用;磁盘文件及其编程;鼠标编程。

11.1　学习要点

1. 并行打印机接口

通过对并行打印机的学习,可深入理解简单端口组成查询系统(包括硬件连接和相应软件设计)的原理和过程,但实践中常用的并行口芯片是 8255A,此次修订教材时,考虑到教材系统性删去了此部分内容,但由于 8255A 应用非常广,又是考研、计算机等级考试等的重点考点,故在此书的附录 A 中给予补充。

2. 串行异步通信接口

随着计算机网络热的升温,串行通信接口标准及异步通信接口芯片 8250 已成为必学的内容。以 8250 为核心可以组成微机系统的 RS232C 接口。对 8250 编程不仅设置了串行异步通信数据格式的参数,而且提供了必要的控制信号和状态信息。

(1) 微机接入通信系统中的 DCE 和 DTE。

(2) 异步传输的数据格式。

(3) 同步传输的数据格式。

(4) RS232C 标准。

(5) 异步串行通信接口芯片 8250 功能很强,重点要搞懂各种寄存器的初始化方法,收发通信编程及其中断控制作用的实现。

11.2　习　　题

1. 异步串行通信接口 8250 的编程模型中有_____个可 I/O 编址的寄存器,在通信之前有_____个需要置入初值,在通信过程中,为了通信的可靠性,CPU 需要从_____个状态寄存器中读入状态信息,进行判别以决定后面的操作。

2. 简述并行接口与串行接口的异同。

3. _____是对通信的最重要的要求。

4. 异步串行通信时，利用_____可以让程序知道什么时候可以发送代码，什么时候应该读入接收的代码以及接收是否出现错误，出现的是何种错误。

5. 流通量控制是为了适应通信双方终端设备对数据处理能力的需要，在 DTE 与 DCE 之间的接口上，对数据传输的_____和_____的控制。

6. 同步通讯之所以比异步通讯具有较高的传输频率是因为_____。

A）同步通讯不需要应答信号

B）同步通讯方式的总线长度较短

C）同步通讯用一个公共的时钟信号进行同步

D）同步通讯中，各部件存取时间比较接近

E）以上各项因素的综合结果

7. 以 RS - 232 为接口，进行 7 位 ASCII 码字符传送，带有一位奇校验位和两位停止位，当波特率为 9600 波特时，字符传送率为_____。

A）960   B）873

C）1371   D）480

8. 在数据传送过程中，数据由串行变并行或并行变串行，其转换是通过_____。

A）数据寄存器   B）移位寄存器   C）锁存器

9. 计算机主机和终端串行传送数据时，要进行串—并或并—串转换，这样的转换_____。

A）只有通过专门的硬件来实现

B）可以用软件实现，并非一定要用硬件实现

10. 假设串行通讯口的输入数据寄存器的端口地址为 50H，状态寄存器的端口地址为 51H，它的各位为 1 时的含义如下：

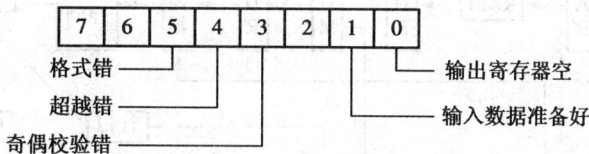

请编写程序，输入一串字符并存入缓冲区 BUFF，同时校验输入的正确性，如有任何错误则转出错处理程序 ERR_ROUT。

11. 写出一段指令序列，把 IBM PC 的 RS232C 串行异步通信接口设置为传输速率为 1200 b/s，传输 7 位 ASCII 码，偶校验，1 位停止位。画出传输字母 C 时的波形图。这种设置下，每秒钟最多能传输多少字符？

12. 对 IBM PC 的 RS232C 串行口编三段程序，分别完成如下功能：

(1) 发送代码，其功能如 BIOS 调用时(AH)＝1 的功能。

(2) 接收代码，其功能如 BIOS 调用时(AH)＝2 的功能。

（3）接收和发送利用中断方式。

13. 远程终端和计算机间的通讯可以通过_____和_____传输，远程通讯时，计算机和远程终端需分别装有_____。

14. 在异步串行通信过程中，用 OUT 指令向_____置入所要发送的字符代码，就可把代码发向 DCE；用 IN 指令读取_____，就可以把 DCE 发来的代码输入 CPU。

15. 波特率表示_____，1 波特等于_____。

16. 显示系统由_____和_____两大部分组成；显示方式可以分为_____和_____两类。

17. 某 CRT 显示器可显示 64 种 ASCII 字符，每帧可显示 64 字×25 排；每个字符字形采用 7×8 点阵，即横向 7 点，字间间隔 1 点，纵向 8 点，排间间隔 6 点；帧频 50 Hz，采取逐行扫描方式。问：

（1）缓存容量有多大？

（2）字符发生器(ROM)容量有多大？

（3）缓存中存放的是字符的 ASCII 代码还是点阵信息？

（4）缓存地址与屏幕显示位置如何对应？

（5）设置哪些计数器以控制缓存访问与屏幕扫描之间的同步？它们的分频关系如何？

18. 图 11.1 是一汉字 CRT 显示器框图，它可显示 3000 个汉字，每字以 11×16 点阵组成，字间间隔一点，两排字间隔 4 线，32 字/排，12 排/屏，一个汉字编码占 2 个字节，帧频 50 Hz，帧回扫和行回扫均占扫描时间的 20%(扫描时间包括正扫和回扫)，行频可在 60～70 μs 之间选择，试求：

（1）RAM＝（   ）×（   ）

（2）ROM＝（   ）×（   ）

各计数器位数分别是多少，时钟频率是多少(不考虑扫描非线性)？

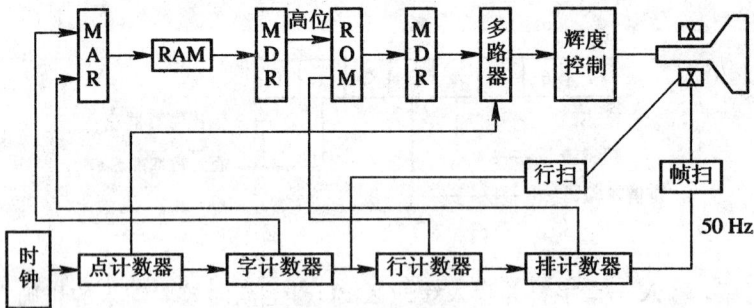

图 11.1　汉字 CRT 显示器框图

19. 对应屏幕上第 40 列最下边一个像素的内容单元地址是什么？

20. 写出把光标置在第 12 行、第 8 列的指令。

21. 编写指令把 12 行 0 列到 22 行 79 列的屏面清除。

22. 编写程序段：按下 Home 键(扫描码为 47H)，则将光标置在 0 行 0 列，否则光标位置不动。

23. 写出以下指令序列：

（1）设置 80 列黑白方式 　　　　（2）把光标设置在第 5 行的开始

（3）上卷 10 行 　　　　　　　　（4）显示 10 个闪烁的 * 号

24．编写指令：设置图形方式并选择背色为绿色。

25．某显示器分辨率为 1024×768，则屏幕刷新像素个数为_____。

26．某显示器分辨率为 1024×768，屏幕刷新频率为 60 Hz，像素位宽为 16 bit，则显示器的刷新带宽度为_____。

27．在一共 320×200 的彩色/图形显示器上，用直接编程方法编程显示一个直径含 100 个像素点的圆面。这个圆面分为三个相等的扇区，分别显示为红、绿和蓝色。背景为白色。

28．编写程序使一只鸟的图形飞过屏幕。飞鸟的动作可由小写字母 V（ASCII 码 76H）变为破折号（ASCII 码 0C4H）来模仿，这两个字符先后交替在两列上显示。鸟的开始位置是 0 列 20 行，每个字符显示 1/10 秒，然后消失。

29．试概述主机调用磁盘并完成一次批量传送的全过程，叙述中应着重说明：（1）主机怎样启动磁盘；（2）何时、以何种方式给出数据在磁盘上的地址；（3）何时、以何种方式完成数据传送；（4）怎样结束调用过程。

30．编写一个顺序写磁盘文件的程序，该文件包括姓名（<16 个字符）、年龄（1 个字）和电话号码（<10 个字符），这些字符和数据在屏幕上出现提示符之后，由用户从键盘输入。

31．编写建立并写入磁盘文件的程序，这个磁盘文件包括零件号（5 个字符），零件名称（12 个字符）和单价（1 个字）。程序允许用户从键盘输入这些数据。

32．编写一个程序读出并显示 31 题建立的文件内容。

33．写出确定文件记录数的指令，假定打开文件操作已经执行，FCB 中的文件长度欲为 FCBFLSZ，记录长度欲为 FCBRCSZ。

34．编写指令：用 BIOS INT 13H 来读出一个扇区的内容，存储器缓冲区为 INDSK，驱动器为 A、0 头、6 磁道、3 扇区。在设备 3 的中断处理程序之前，设备 2 发出中断请求。

35．一张单面密度 3.5 英寸软盘有 80 条磁道，每条磁道有 18 个扇区，每个扇区存 1024 个字节，则该软盘总容量为_____。

36．如果一个根目录包括如下 32 个字节的内容，说明它各域（字段）的意义。

41　31　20　20　20　20　20　20　43　4F　4D　20　00　00　00

00　00　00　00　00　00　67　00　21　00　02　00　00　02　00

00

37．一片双面软盘上有两个文件，A1（较长）和 A2（较短）。现已知道该盘位置分配表如下所示，请问这两个文件各占哪些簇？

　　　　FD　FF　FF　03　50　00　08　70　00　F7　FF　FF　FF　0F　00　00

38．编一段程序，在磁盘上建立并写入一个文件，文件的内容是 A～E 的字符码，每个字符连续重复 180H 次。

39．编写一个顺序写磁盘文件的程序，该文件包括姓名（<16 个字符）、年龄（1 个字）和电话号码（<10 个字符），这些字符和数据在屏幕上出现提示符之后，由用户从键盘输入。

附录 A　常用并行接口芯片 8255A

一般来说，外设接口可以分成：
- 并行接口：一组数据在多根线上同时传送。
- 串行接口：一组数据按位顺序在一根线上依次传送。

本附录主要介绍常用并行接口芯片 8255A 的工作原理、编程方法及其应用。

A.1　并行接口的基本原理及结构

作为一个并行接口，应具备下列功能：
- 具有一个或多个数据 I/O 寄存器和缓冲器(称为 I/O 端口)。
- 每个端口应具有与 CPU 和外设进行联络控制的功能。
- CPU、端口及外设之间能够以中断方式进行通信。
- 接口可有多种工作方式，并且能够由用户编程控制。
- 并行接口与 CPU、外设之间的连接逻辑如图 A.1 所示，其输入、输出过程可按下

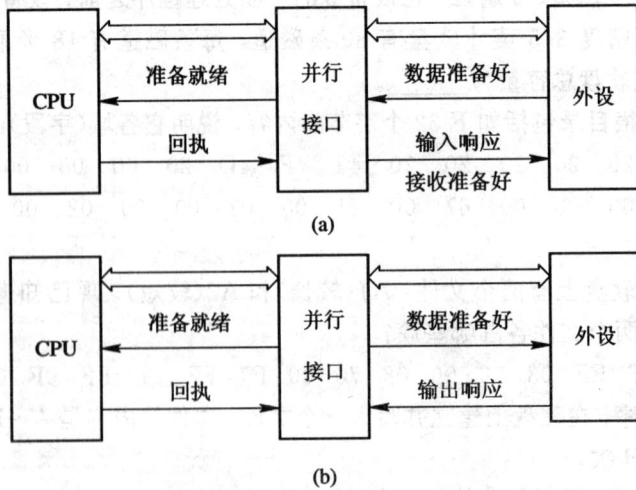

(a)

(b)

图 A.1　并行接口与 CPU、外设之间的连接逻辑
(a) 并行接口的输入过程；(b) 并行接口的输出过程

列步骤描述。

并行接口的输入过程：

（1）外设将原始数据放在数据总线上，并向并行接口发出"数据准备好"信号；

（2）并行接口将数据锁存于寄存器中，并向外设发出"数据输入响应"信号，表示外设数据已输入到接口，但还未送到 CPU，因此外设不能发来新的数据；同时向 CPU 发出"数据准备就绪"信号或者发出中断请求信号，表示端口寄存器中已经准备好数据，CPU 可以读取数据。

（3）外设收到"数据输入响应"信号后，撤销数据及"数据准备好"信号。

（4）CPU 从接口中读取数据，并给并行接口发出"回执"；并行接口据此撤销"数据准备就绪"信号，并向外设发出"接收准备好"信号；外设在"接收准备好"信号控制下，发送新的数据。

并行接口的输出过程：

（1）并行接口向 CPU 发出"准备就绪"信号或者发出中断请求信号，表示端口寄存器中已经作好接收数据的准备，CPU 可以发来数据了。

（2）CPU 将数据写入端口寄存器，并发送"回执"信号；接口收到"回执"信号后，撤销"准备就绪"信号。

（3）并行接口向外设发出"数据准备好"信号。

（4）外设取走数据，并向接口发出"数据输入响应"信号，表示外设已取走数据。

（5）并行接口撤销"数据准备好"信号，同时再次向 CPU 发出"准备就绪"信号或者发出中断请求信号。

A.2 常用并行接口芯片 8255A 的基础

Intel 公司生产的可编程并行接口芯片 8255A 已广泛应用于实际工程中，例如 8255A 与 A/D、D/A 配合构成数据采集系统，通过 8255A 连接的两个或多个系统构成相互之间的通信，系统与外设之间通过 8255A 交换信息等等。所有这些系统都将 8255A 用作为并行接口。

8255A 的原理结构如图 A.2 所示。它采用 40 脚的 DIP 封装，其引脚定义如表 A.1 所示。

表 A.1　8255A 引脚定义

引　脚　名	功　　能	连接去向
$D_0 \sim D_7$	数据总线（双向）	CPU
RESET	复位输入	CPU
$\overline{CS}$	片选信号	译码电路
$\overline{RD}$	读信号	CPU
$\overline{WR}$	写信号	CPU

引　脚　名	功　　能	连接去向
A_0，A_1	端口地址	CPU
$PA_0 \sim PA_7$	端口 A	外设
$PB_0 \sim PB_7$	端口 B	外设
$PC_0 \sim PC_7$	端口 C	外设
V_{cc}	电源(+5 V)	/
GND	地	/

8255A 为一可编程的通用接口芯片。它有三个数据端口 A、B、C，每个端口为 8 位，并均可设成输入和输出方式，但各个端口仍有差异：

端口 A($PA_0 \sim PA_7$)：8 位数据输出锁存/缓冲器，8 位数据输入锁存器；

端口 B($PB_0 \sim PB_7$)：8 位数据 I/O 锁存/缓冲器，8 位数据输入缓冲器；

端口 C($PC_0 \sim PC_7$)：8 位输出锁存/缓冲器，8 位输入缓冲器(输入时没有锁存)在模式控制下，这个端口又可以分成两个 4 位的端口，它们可单独作输出控制和状态输入。

端口 A、B、C 又可组成两组端口(12 位)：A 组和 B 组，参见图 A.2。在

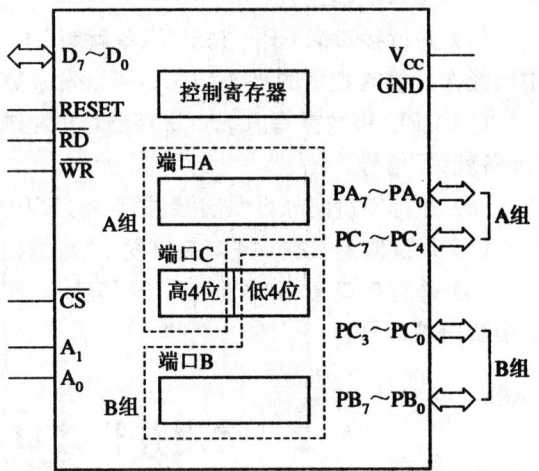

图 A.2　8255A 编程模型

每一组中，端口 A 和端口 B 用作为数据端口，端口 C 信号线用作为控制和状态联络线。

在 8255A 中，除了这三个端口外，还有一个控制寄存器，用于控制 8255A 的工作方式。因此 8255A 共有 4 个端口寄存器，分别用 A_0、A_1 指定：

$A_1 = 0$，$A_0 = 0$，表示访问端口 A；

$A_1 = 0$，$A_0 = 1$，表示访问端口 B；

$A_1 = 1$，$A_0 = 0$，表示访问端口 C；

$A_1 = 1$，$A_0 = 1$，表示访问控制寄存器。

A.3　8255A 工作方式的选择

8255A 有三种基本工作方式：

方式 0：基本的输入/输出。

方式1：有联络信号的输入/输出。

方式2：双向传送。

A组可采用方式0～方式2，而B组只能采用方式0和方式1，这由8255A的方式控制字控制。当向$A_1=1$、$A_0=1$的端口寄存器（即控制寄存器）发送$D_7=1$的控制字时，其作用为方式控制字，各个位的含义如图A.3所示。

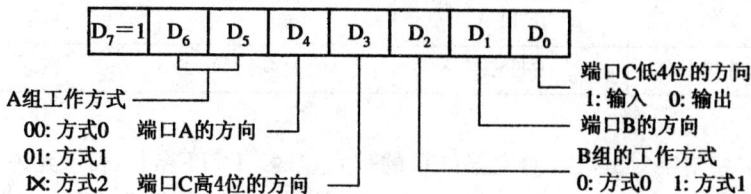

| $D_7=1$ | D_6 | D_5 | D_4 | D_3 | D_2 | D_1 | D_0 |

端口C低4位的方向
1: 输入   0: 输出

A组工作方式
00: 方式0   端口A的方向
01: 方式1
1X: 方式2   端口C高4位的方向

端口B的方向
B组的工作方式
0: 方式0   1: 方式1

图 A.3   方式控制字

应该注意，当向$A_1=1$、$A_0=1$的端口寄存器（即控制寄存器）发送$D_7=0$的控制字时，其作用为置位控制字，各个位的含义如图A.4所示。

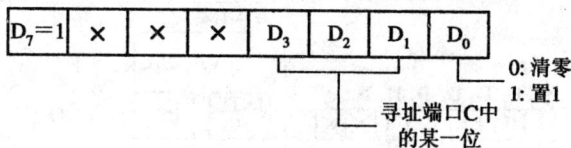

| $D_7=1$ | × | × | × | D_3 | D_2 | D_1 | D_0 |

0: 清零
1: 置1

寻址端口C中
的某一位

图 A.4   置位控制字

A.4   8255A 工作方式

A.4.1   方式0 —— 基本的输入/输出

将端口信号线分成4组，分别由方式控制字的D_4、D_3、D_1、D_0控制其传送方向，当某位为1时，相应的端口数据线被设置成输入方式；当某位为0时，相应的端口数据线被设置成输出方式。

例如，当方式控制字设置成1000 1010B时，端口A与端口C的低4位数据线被设置成输出方式，端口B与端口C的高4位数据线被设置成输入方式。

特别注意，当将端口C的低4位设置成同一传送方向时，则端口C可用作为独立的端口，因此，8255A提供了3个独立的8位端口。

A.4.2   方式1 —— 有联络信号的输入/输出

三个端口的信号分成A、B两组，PC_7～PC_4作为A组的联络信号，PC_3～PC_0作为B组的联络信号，但PC_3、PC_0固定作为A组和B组向CPU发送的中断请求信号。为对中断请求信号进行管理，8255A中专门设置了中断屏蔽触发器INTEA和INTEB，它们是通过对端口C某一位的置位控制字进行控制的，如表A.2所示。

表A.2 中断管理

分　　组	中断屏蔽触发器	输入/输出方式	端口C中的控制位
A组	INTEA	输入	PC_4
A组	INTEA	输出	PC_6
B组	INTEB	输入/输出	PC_2

利用置位控制字对INTE对应端口C的位置位时，INTE＝1，表示允许产生中断请求信号；对INTE对应端口C的位清零时，INTE＝0，表示不允许（屏蔽）产生中断请求信号。

1. 方式1/输入

当将A组和B组设置成方式1输入时，其方式控制字与端口数据线如图A.5所示，注意D_3用于控制$PC_{6、7}$的传送方向。

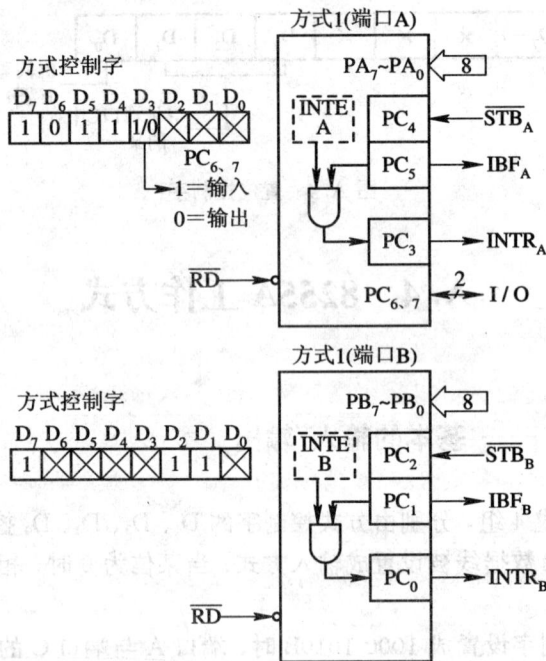

图A.5 方式1/输入时的方式控制字与端口数据线

方式1下的输入方式，8255A与CPU通过INTR（中断请求信号）联络，它与外设有两个联络信号：$\overline{STB}$（选通输入）与外设提供的选通脉冲相连，将外设送来的数据锁存到端口寄存器，这相当于"数据准备好"信号。IBF（输入缓冲器满）向外设发送数据输入响应（高电平有效），表示端口寄存器已收到数据，但尚未被CPU取走；当IBF信号无效时，表示"接收准备好"。

8255A 工作在方式 1 的输入方式下，其方式控制字与端口数据线与外设之间的数据传送与联络信号的时序如图 A.6 所示。

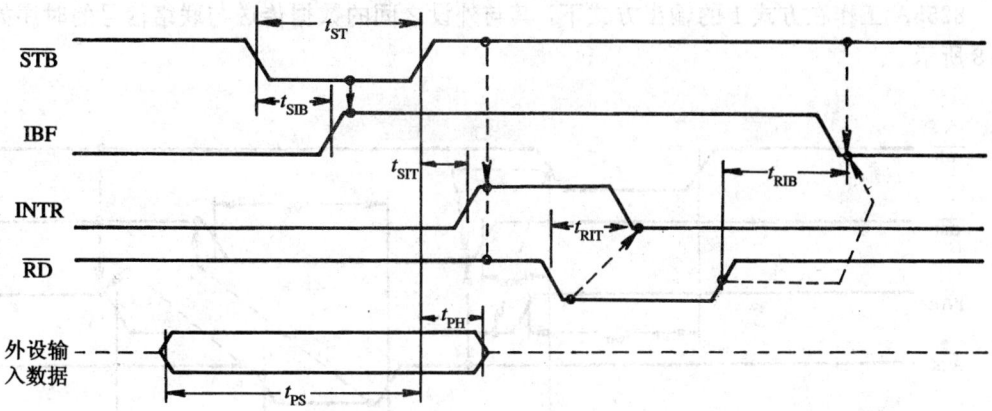

图 A.6 8255A 方式 1/输入方式下的控制时序

2. 方式 1/输出

当将 A 组和 B 组设置成方式 1 输出时，其方式控制字与端口数据线如图 A.7 所示，注意 D_3 用于控制 $PC_{4、5}$ 的传送方向。

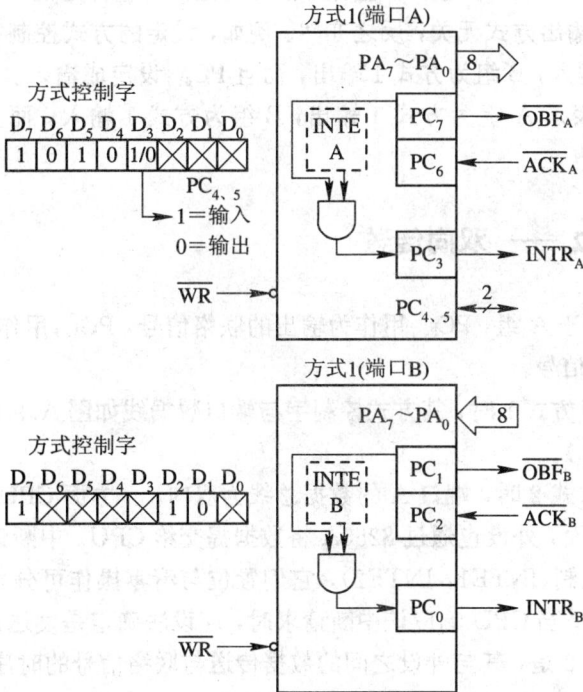

图 A.7 方式 1/输出时的方式控制字与端口数据线

方式 1 下的输出方式，8255A 与 CPU 通过 INTR(中断请求信号)联络，它与外设有两个联络信号：$\overline{OBF}$(输出缓冲器满)有效表示 CPU 已将数据写入端口寄存器，这相当于"数据准备好"信号。$\overline{ACK}$(回执)有效表示外设已将数据取走，CPU 可发来新的数据。

8255A 工作在方式 1 的输出方式下，其与外设之间的数据传送与联络信号的时序如图 A.8 所示。

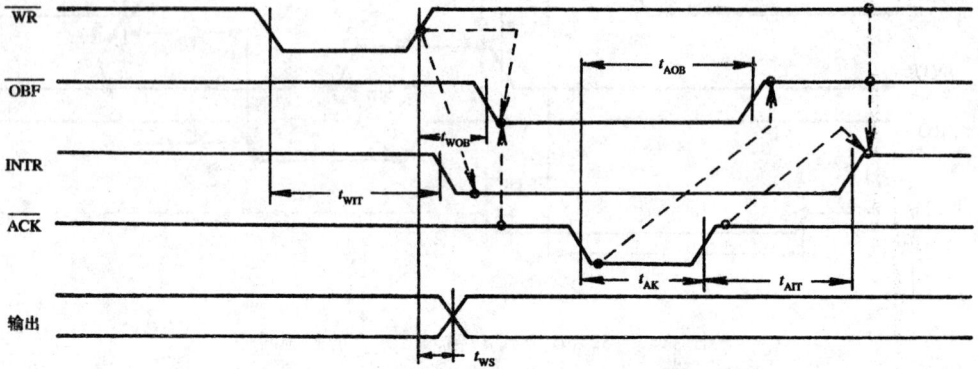

图 A.8　8255A 方式 1/输出方式下的控制时序

3. 方式 1 的组合

在方式 1 下，8255A 的 A 组和 B 组可以独立的定义，也就是说 A 组输入/输出方式的设定与 B 组的输入/输出方式无关，反之亦然。例如，设定的方式控制字为 1011 1100B 时，表示 A 组为方式 1 输入，B 组为方式 1 输出，而且 $PC_{6,7}$ 设定成输入。又如，当方式控制字为 1010 0110B 时，表示 A 组为方式 1 输出，B 组为方式 1 输入，而且 $PC_4 \sim PC_5$ 设定成输出。

A.4.3　方式 2 —— 双向传送

这种方式只适用于 A 组，$PC_{6,7}$ 用作为输出的联络信号，$PC_{4,5}$ 用作为输入的联络信号，PC_3 仍作为中断请求信号。

当将 A 组设置成方式 1 时，其方式控制字与端口数据线如图 A.9 所示，这时 B 组仍可设置成方式 0 或方式 1。

当 A 组设置成方式 2 时，端口 A 的数据总线为双向，一方面 CPU 通过 8255A 将数据转发给外设，另一方面，外设也通过 8255A 将数据提交给 CPU。中断请求信号的产生由两个中断屏蔽触发器控制(INTE1，INTE2)，它们置位与清零操作可分别通过对 PC_6 和 PC_4 的置位与清零来完成。当 CPU 响应该中断请求时，应设法确定是发送请求还是接收请求。

A 组工作在方式 2 是，其与外设之间的数据传送与联络信号的时序如图 A.10 所示。

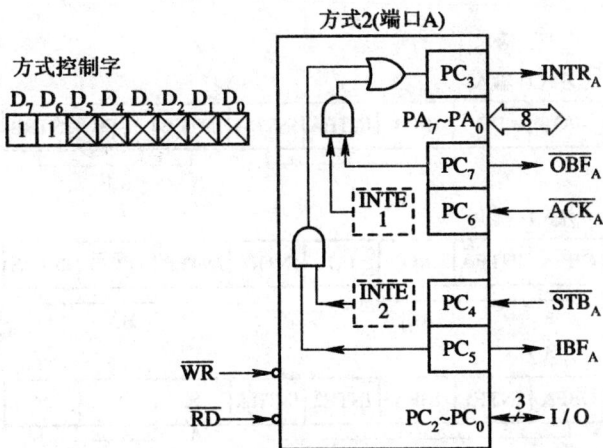

图 A.9　方式 2 的方式控制字与端口数据线

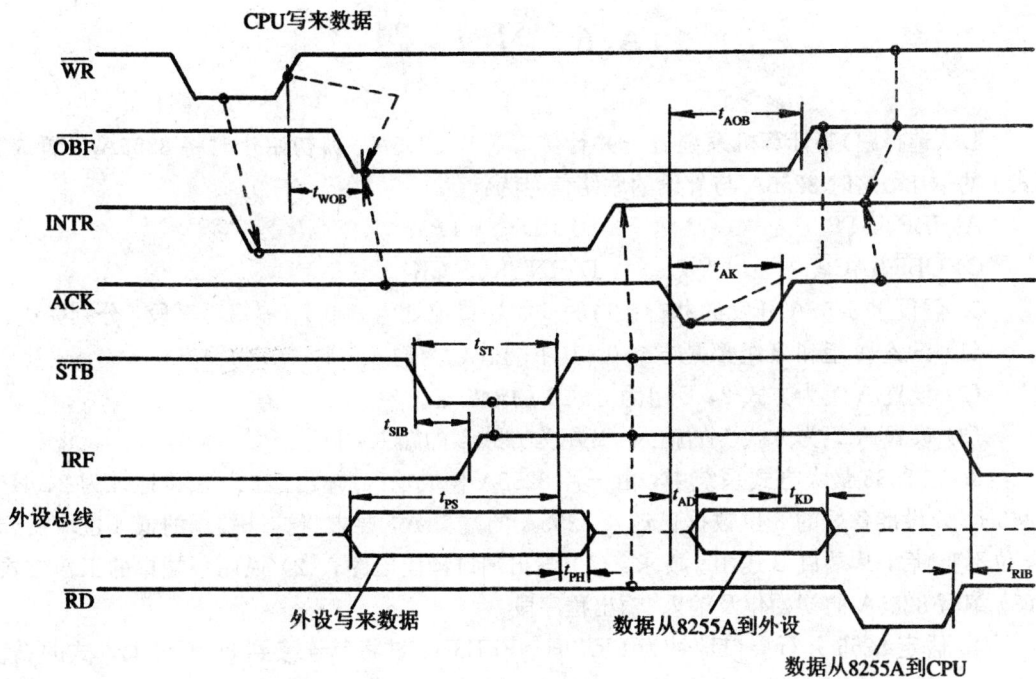

图 A.10　8255A 方式 2 的控制时序

A.5　读取端口 C 状态

　　在方式 0 下,端口 C 用作为独立的数据端口,但在方式 1 和方式 2 下,端口 C 用作为**联络信号**,因此当读取端口 C 的内容时,可以获取某些联络信号线的状态,据此可以了解 8255A 的工作状态。端口 C 各位的含义如图 A.11 所示。

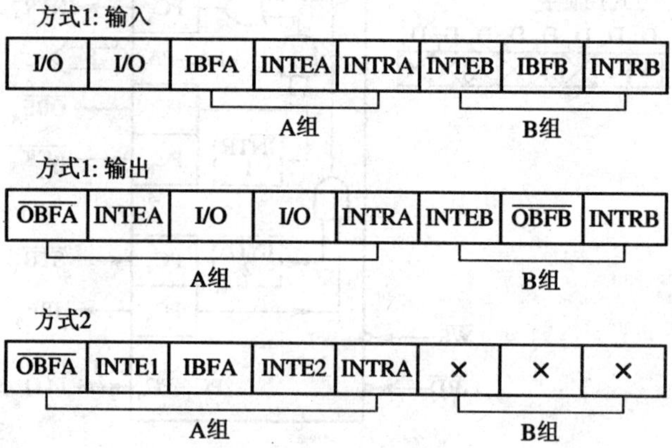

方式1: 输入

I/O	I/O	IBFA	INTEA	INTRA	INTEB	IBFB	INTRB

A组　　　　　　　B组

方式1: 输出

$\overline{OBFA}$	INTEA	I/O	I/O	INTRA	INTEB	$\overline{OBFB}$	INTRB

A组　　　　　　　B组

方式2

$\overline{OBFA}$	INTE1	IBFA	INTE2	INTRA	×	×	×

A组　　　　　　　B组

图 A.11　读取 C 端口状态

A.6　习　　题

1. (选择题)某计算机系统有一并行接口芯片 8255A，其初始化时将 8255A 设置成方式 1 的输出，这时 8255A 与外设的联络信号为：

A) IBF、$\overline{STB}$　　　　　　　　B) RDY、$\overline{STB}$

C) $\overline{OBF}$、$\overline{ACK}$　　　　　　　　D) INTR、$\overline{ACK}$

2. 假设用 8255A 开发的并行接口的开始端口地址为 300H，编写程序段，分别完成：

(1) 设置 A 组和 B 组都是方式 0，其中端口 C 为输入，端口 B 为输出；

(2) 设置 A 组为方式 2，B 组为方式 1 的输出；

(3) 设置 A 组为方式 1 的输入，B 组为方式 1 的输入，PC_6、PC_7 为输出。

3. 在 8088 最大方式系统中，由一片 8255A 构成输入/输出接口，端口地址为 240H～243H，外设准备好的 8 位数据已送入 8255A 的端口 A，要求将这一数据的低 4 位取反(高 4 位不变)后，从端口 B 送出。要求：(1) 画出端口译码电路；(2) 说明各端口的工作方式；(3) 编写 8255A 的初始化及输入/输出程序段。

4. 假定 8255 并行接口地址为 FFE0H～FFE3H，试将其连接到 8088 最大方式的系统总线上。

(1) 设定 8255 的三个端口均为输出，输出用来控制 24 个彩灯(设 0 为亮)，分别编写程序段完成单灯循环和双灯循环。

(2) 编写程序段完成，灯 0 亮→灯 0、1 亮→……→灯 0、1、…、23 亮→灯 23 灭→灯 22、23 灭→……→灯 0、1、…、23 灭，依次循环。

5. 8255A 经常与 A/D 变换器配合构成数据采集系统。A/D 变换器的原理框图机主要工作时序如图 A.12 所示。设计 8255A、A/D 变换器、8086 最小方式总线之间的连接，8255A 的端口地址范围为 260～26FH，编写 8255A 的初始化和采集 N 个数据的程序段(可用中断方式，也可用查询方式)。

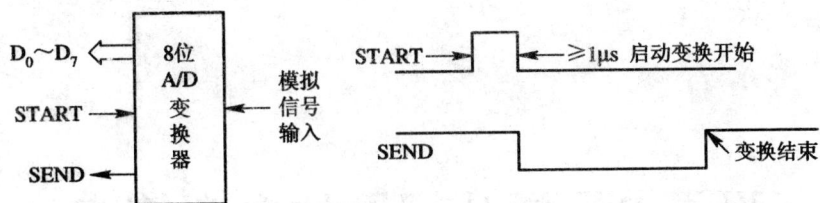

图 A.12 A/D 变换器工作原理

6. 某外设原理框图如图 A.13 所示,当 BUSY 为低电平时,表示外设可以接收数据,试通过 8255 将 BUF 缓冲器中的 100 个字节数据输出到外设,编写 8255A 的初始化程序及输出程序段(设 8255A 的地址分别用 P8255A、P8255B、P8255C、P8255D 表示)。

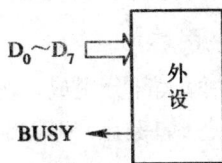

图 A.13 外设引线图

附录 B 部分习题的参考答案

第 1 章 微型计算机系统概述

1. 微型计算机系统由硬件和软件两大部分组成，硬件又可细分为主机（由 CPU、存储器、控制电路、接口等构成）、输入设备（如键盘）和输出设备（如显示器）；软件可细分为系统软件（如操作系统）和应用软件。

3. CPU（Central Processing Unit 中央处理单元）是计算机的核心部件，它包括控制器和算术逻辑运算部件等。Intel 微处理器的家族成员有 8088/8086、80186、80286、80386、80486、Pentium(80586)、Pentium Ⅱ 及 Pentium Ⅲ。

第 2 章 计算机中的数制和码制

1. (1) $49 = 0011\ 0001B$
   (2) $73.8125 = 0100\ 1001.1101B$
   (3) $79.75 = 0100\ 1111.11B$

3. (1) $FAH = 1111\ 1010B = 250D$
   (2) $5BH = 0101\ 1011B = 91D$
   (3) $78A1H = 0111\ 1000\ 1010\ 0001B = 30881D$
   (4) $FFFFH = 1111\ 1111\ 1111\ 1111B = 65535D$

5. (1) $10110.101B = 22.625$
   (2) $10010010.001B = 146.0625$
   (3) $11010.1101B = 26.8125$

7. $a = 1011B = 11$，$b = 11001B = 25$，$c = 100110B = 38$
   (1) $a + b = 100100B = 36$
   (2) $c - a - b = 10B = 2$
   (3) $a \cdot b = 100010011B = 275$
   (4) $c/b = 1 \cdots\cdots 1101B\ (=13)$

9. (1) $+1010101B$　　　原码 $01010101B$　　　补码 $01010101B$

    (2) -1010101B   原码 11010101B   补码 10101011B

    (3) $+1111111$B   原码 01111111B   补码 01111111B

    (4) -1111111B   原码 11111111B   补码 10000001B

    (5) $+1000000$B   原码 01000000B   补码 01000000B

    (6) -1000000B   原码 11000000B   补码 11000000B

11. 按补码表示$+87=0101\ 0111$B；$+73=0100\ 1001$B；$-87=1010\ 1001$B；$-73=1011\ 0111$B

    (1) $87-73=0101\ 0111$B$-0100\ 1001$B$=1110$B$=14$

    (2) $87+(-73)=0101\ 0111$B$+1011\ 0111$B$=[1]0000\ 1110$B$=14$(舍去进位)

    (3) $87-(-73)=0101\ 0111$B$-1011\ 0111$B$=[-1]1010\ 0000$B$=-96$(溢出)

    (4) $(-87)+73=1010\ 1001$B$+0100\ 1001$B$=1111\ 0010$B$=-14$

    (5) $(-87)-73=1010\ 1001$B$-0100\ 1001$B$=[-1]0110\ 0000$B$=96$(溢出)

    (6) $(-87)-(-73)=1010\ 1001$B$-1011\ 0111$B$=1111\ 0010$B$=-14$

13. (1) $a=37$H, $b=57$H； $a+b=8$EH； $a-b=[-1]$E0H$=-32$

    (2) $a=0$B7H, $b=0$D7H； $a+b=[1]8$EH$=-114$； $a-b=[-1]$E0H$=-32$

    (3) $a=0$F7H, $b=0$D7H； $a+b=[1]$CEH$=-50$； $a-b=20$H$=32$

    (4) $a=37$H, $b=0$C7H； $a+b=$FEH$=-2$； $a-b=[-1]70$H$=112$

15. (1) 将 38、42 表示成组合 BCD 码：38H、42H，然后按二进制数进行运算，并根据运算过程中的 AF，CF 进行加 6/减 6 修正。38H$+$42H$=7$AH，低 4 位需要加 6 修正：7AH$+6=80$H，所以有 $38+42=80$；

    (2) 56H$+$77H$=$CDH，高 4 位、低 4 位都应加 6 修正：CDH$+66$H$=[1]33$H，因此有 $56+77=133$；

    (3) 99H$+$88H$=[1]21$H(AF$=1$)，高 4 位、低 4 位都应加 6 修正：[1]21H$+66$H$=[1]87$H，因此 $99+88=187$；

    (4) 34H$+$69H$=9$DH，低 4 位需要加 6 修正：9DH$+6=$A3H，修正结果使高 4 位超出 9，这时再对高 4 位进行加 6 修正：A3H$+60$H$=[1]03$H，因此 $34+69=103$；

    (5) 38H$-$42H$=[-1]$F6H，因 CF$=1$(有借位)，高 4 位应减 6 修正：[-1]F6H-60H$=[-1]96$H，指令的借位应表示成 100 的补码，因此 $38-42=96-100=-4$；

    (6) 77H$-$56H$=21$H，不需要修正，因此 $77-56=21$；

    (7) 15H$-$76H$=[-1]9$FH，高 4 位、低 4 位都应减 6 修正：[-1]9FH-66H$=[-1]39$H，因此 $15-76=39-100=-61$；

    (8) 89H$-$23H$=66$H，不需要修正，因此 $89-23=66$。

17. 解：字符串的 ASCII 码(用十六进制数表示)为：

    (1) 48, 65, 6C, 6C, 6F

    (2) 31, 32, 33, 0D, 34, 35, 36

    (3) 41, 53, 43, 49, 49

    (4) 54, 68, 65, 20, 6E, 75, 6D, 62, 65, 72, 20, 69, 73, 20, 32, 33, 31, 35

第3章 微机系统中的微处理器

1. 微处理器内部结构主要由算术逻辑运算单元(ALU)、控制器、工作寄存器和 I/O 控制逻辑组成。算术逻辑运算单元是 CPU 的核心，它完成所有的运算操作；控制器是 CPU 的"指挥中心"，只有在它的控制下，CPU 才能完成指令的读入、寄存、译码和执行；工作寄存器用于暂时存储寻址信息和计算中间结果；I/O 控制逻辑用于处理 I/O 操作。

3. 由于在计算机中地址总是由 CPU 产生的，因而地址总线是单向的。而数据可从 CPU 写到存储器，也可从存储器读到 CPU，因此数据总线是双向的。

5. 存储空间为 $2^{20}=1048576=1$ M 字节，数据总线上传送的有符号整数的范围为 $-32768\sim+32767$。

7. (1) 1234H$-$4AE0H$=$C754H；CF$=$1，AF$=$0，SF$=$1，ZF$=$0，OF$=$0，PF$=$0
   (2) 5D90H$-$4AE0H$=$12B0H；CF$=$0，AF$=$0，SF$=$0，ZF$=$0，OF$=$0，PF$=$0
   (3) 9090H$-$4AE0H$=$45B0H；CF$=$0，AF$=$0，SF$=$0，ZF$=$0，OF$=$0，PF$=$0
   (4) EA04H$-$4AE0H$=$9F24H；CF$=$0，AF$=$0，SF$=$1，ZF$=$0，OF$=$0，PF$=$1

9. (1) 段地址：2134H；   偏移地址：10A0H；   物理地址：223E0H
   (2) 段地址：1FA0H；   偏移地址：0A1FH；   物理地址：2041FH
   (3) 段地址：267AH；   偏移地址：B876H；   物理地址：32016H

11. 物理地址为：0A7F0H$\times$10H$+$2B40H$=$A3330H。

13. 指示存储器地址的寄存器有：SI，DI，BX，BP。

15. 偏移地址为 5A238H$-$5200$\times$10H$=$8238H，因此当(CS)变成 7800H 时，物理转移地址为 7800H$\times$10H$+$8238H$=$80238H。

17. 两组词汇和说明的关联关系为
(1) $\sim$O；   (2) $\sim$D；   (3) $\sim$C；   (4) $\sim$B；   (5) $\sim$A；   (6) $\sim$E；
(7) $\sim$F；   (8) $\sim$Q；   (9) $\sim$N；   (10) $\sim$M；   (11) $\sim$L；   (12) $\sim$H；
(13) $\sim$J；   (14) $\sim$I；   (15) $\sim$G；   (16) $\sim$K；   (17) $\sim$R；   (18) $\sim$P。

第4章 汇编语言程序设计基本方法

1. (1) var1 DW 4512H，4512，$-$1，100/3，10H，65530
   (2) var2 DB BYTE'，'word'，'WORD'
   (3) buf1 DB 100 DUP(?)
   (4) buf2 DB 7 DUP(5 DUP(55H)，10 DUP(240))
   (5) var3 DB LENGTH buf1
   (6) pointer DW var1，var2

3. (1) MOV SI，100　　　　　　；指令正确，源：立即数寻址，目的：寄存器寻址

　(2) MOV BX，VAR1[SI]　　；指令正确，源：寄存器相对寻址，目的：寄存器寻址

　(3) MOV AX，[BX]　　　　；指令正确，源：寄存器间接寻址，目的：寄存器寻址

　(4) MOV AL，[DX]　　　　；指令错误，DX 不能用作为地址寄存器

　(5) MOV BP，AL　　　　　；指令错误，类型不一致

　(6) MOV VAR1，VAR2　　 ；指令错误，MOV 指令不能从存储器到存储器传送

　(7) MOV CS，AX　　　　　；指令错误，CS 不能用作为目的操作数

　(8) MOV DS，0100H　　　 ；指令错误，MOV 指令不能将立即数传送到段寄存器

　(9) MOV [BX][SI]，1　　　；指令错误，类型不定

　(10) MOV AX，VAR1+VAR2 ；指令错误，MOV 指令中不能完成加法运算

　(11) ADD AX，LENGTH VAR1 ；指令正确，源：立即数寻址，目的：寄存器寻址

　(12) OR BL，TYPE VAR2　 ；指令正确，源：立即数寻址，目的：寄存器寻址

　(13) SUB [DI]，78H　　　　；指令错误，类型不定

　(14) MOVS VAR1，VAR2　 ；指令正确，源：隐含寻址，目的：隐含寻址

　(15) PUSH 100H　　　　　；指令错误，立即数不能直接压入堆栈

　(16) POP CS　　　　　　　；指令错误，CS 不能用作为目的操作数

　(17) XCHG AX，ES　　　　；指令错误，XCHG 指令中不能使用段寄存器

　(18) MOV DS，CS　　　　　；指令错误，MOV 指令不能从段寄存器到段寄存器

　(19) JMP L1+5　　　　　　；指令正确，段内直接转移

　(20) DIV AX，10　　　　　；指令错误，DIV 指令格式错误

　(21) SHL BL，2　　　　　　；指令错误，移位指令的移位数要么是1，要么是 CL

　(22) MOV AL，15+23　　　；指令正确，源：立即数寻址，目的：寄存器寻址

　(23) MUL CX　　　　　　　；指令正确，源：寄存器寻址，目的：隐含寻址

　(24) XCHG CL，[SI]　　　 ；指令正确，源：寄存器间接寻址，目的：寄存器寻址

　(25) ADC CS：[0100]，AH　；指令正确，源：寄存器寻址，目的：直接寻址

　(26) SBB VAR1-5，154　　 ；指令正确，源：立即数寻址，目的：直接寻址

5. (1)JMP L1 ；段内直接寻址　　　　(2) JMP NEAR PTR L1　；段内直接寻址

　(3) JNZ L1 ；段内相对寻址　　　　(4) JMP BX　　　　　　；段内间接寻址

　(5) JG L1 ；段内相对寻址　　　　 (6) JMP VAR1[SI]　　 ；段内间接寻址

　(7) JMP FAR PTR L1 ；段间直接寻址 (8) JMP DVAR1　　　　；段间间接寻址

7. DX 寄存器中的内容为 10FFH

9. (1) ADD AL，N1-N2；指令错误，因为 N1-N2 超出一个字节的范围

　(2) MOV AX，N3+N4；指令正确

　(3) SUB BX，N4-N3；指令正确

　(4) SUB AH，N4-N3-N1；指令错误，因为 N4-N3-N1 超出一个字节的范围

　(5) ADD AL，N2；指令正确

　(6) MOV AH，N2 * N2；指令正确

11. (1) MOV AL，40H

　(2) SHL AL，1

(3) MOV AH, 16H

(4) ADD AL, AH

执行后(AL)=96H。

13. (1) XOR BX, VAR;   执行后(BX)=00F9H

(2) AND BX, VAR;   执行后(BX)=0002H

(3) OR BX, VAR;   执行后(BX)=00FBH

(4) XOR BX, 11110000B;   执行后(BX)=003BH

(5) AND BX, 00001111B;   执行后(BX)=000BH

(6) TEST BX, 1 ;   执行后(BX)=00CBH(不变)

15. (1) D)   (2) C)   (3) B)

17. 设要传送的字符串有 30 个。

```
N=30
STACK       SEGMENT STACK 'STACK'
            DW 100H DUP(?)
TOP         LABEL WORD
STACK       ENDS
DATA        SEGMENT
ASC1        DB 'abcdefghijklmnopqrstuvwxyz1234'
ASC2        DB 30 DUP(?)
DATA        ENDS
CODE        SEGMENT
            ASSUME CS: CODE, DS: DATA, ES: DATA, SS: STACK
START:
            MOV AX, DATA
            MOV DS, AX
            MOV ES, AX
            MOV AX, STACK
            MOV SS, AX
            LEA SP, TOP
            MOV CX, N
            LEA SI, ASC1
            ADD SI, CX
            LEA DI, ASC2
L1:
            DEC SI
            MOV AL, [SI]
            MOV [DI], AL
            INC DI
            LOOP L1
```

```
                MOV AH, 4CH              ;返回 DOS
                MOV AL, 0
                INT 21H
CODE            ENDS
```

19. 程序如下：

```
STACK           SEGMENT STACK 'STACK'
                DW 100H DUP(?)
TOP             LABEL WORD
STACK           ENDS
DATA            SEGMENT
VAR             DW 2100, 1750, 2410
DATA            ENDS
CODE            SEGMENT
                ASSUME CS: CODE, DS: DATA, ES: DATA, SS: STACK
START:
                MOV AX, DATA
                MOV DS, AX
                MOV ES, AX
                MOV AX, STACK
                MOV SS, AX
                LEA SP, TOP
                MOV AX, VAR
                CMP AX, VAR+2
                JBE L1
                XCHG AX, VAR+2
L1:
                CMP AX, VAR+4
                JBE L2
                XCHG AX, VAR+4
L2:
                MOV VAR, AX
                MOV AX, VAR+2
                CMP AX, VAR+4
                JBE L3
                XCHG AX, VAR+4
                MOV VAR+2, AX
L3:
                MOV AH, 4CH              ;返回 DOS
                MOV AL, 0
```

```
            INT 21H
CODE        ENDS
            END START
```

如果 VAR 中保存的为有符号数,则只需将上述程序中的 3 条 JBE 指令改成 JLE 指令。

```
21.         XOR DX, DX
            MOV CX, 8
L1:
            SHL BL, 1
            RCL DX, 1
            SHL AL, 1
            RCL DX, 1
            LOOP L1
```

23. 假设字变量 VAR1、VAR2 和 VAR3 中至少有两个相等,程序段如下:

```
            MOV AX, VAR1
            CMP AX, VAR2
            JNZ L1
            CMP AX, VAR3
            JNZ L2
            MOV AX, -1
L1:
            CMP AX, VAR3
            JNZ L3
            MOV AX, VAR2
            LEA SI, VAR2
            JMP L4
L3:
            LEA SI, VAR1
            JMP L4
L2:
            MOV AX, VAR3
            LEA SI, VAR3
L4:
```

25. (BX)=C02DH。

32. 提示:在 n 个字节变量中存入 1,每次报数时相当于加上该变量的内容;当报数到 m 时该人出列,相当于使变量内容为 0,其编号为其相当偏移地址,因此最好采用寄存器相当寻址方式。这样处理的好处是,继续报数时不必考虑已出列的人,只是他们对后续报数的影响是加 0,也就是说它已不起作用。

24. 提示:显示部分应调用 33 题编写的显示子程序。

43. 定义的宏指令如下：

```
TRANSSEG MACRO DATA
        MOV AX, DATA
        MOV DS, AX
        MOV ES, AX
        ENDM
```

44. 定义的宏指令如下：

```
INPUTSTR MACRO BUF
        LEA DX, BUF
        MOV AH, 0AH
        INT 21H
        ENDM
```

45. 定义的宏指令如下：

```
DISPSTR MACRO BUF
        LEA DX, BUF
        MOV AH, 09
        INT 21H
        ENDM
```

50. 从缓冲区 FIRST 传送100个字节到 SECOND 缓冲区。

51. 在 STRING 缓冲区中，找到第一个非空格字符时转到 FOUND。

第 5 章　多模块程序设计

1. SSEG 安排在 1FFFFH 以前的存储空间；DESG 段的段地址 2000H，占用 52 个字节；CSEG 的段地址为 2004H，占用 500H 个字节；ESEG 的段地址为 1000H，占用 0E0H 个字节。

3. 当交叉访问的标号与访问语句所在的代码段连接成同一个段时，EXTRN 语句中的标号应赋予 NEAR 属性。

5. 模块 1：

```
DATA1 SEGMENT PUBLIC
EXTRN NUM1：WORD, NUM2：WORD, NUM3：WORD, NUM4：WORD
DATA1 ENDS
```

模块2：

```
DATA2 SEGMENT PUBLIC
PUBLIC  NUM1, NUM2, NUM3, NUM4
NUM1    DW 1200H
NUM2    DW 3425H
NUM3    DW 1234H
```

NUM4   DW 12ABH
DATA2 ENDS

第 6 章   微处理器 8086 的总线结构和时序

2. 系统总线

3. 总线结构是微型计算机系统结构的重要特点之一。它是主体部分与其它部分相连接的一种结构方式。其基本思想是，主体部分与其它多个不同部分都通过同一组精心设置的连线相连接，如以微处理器为主体的微处理器级总线和以主机板为主体的系统级总线。

微机所采用的总线式结构具有如下优点：

(1) 简化了系统结构。整个系统结构清晰，连线少。

(2) 简化了硬件设计。无论是自己选择芯片组成系统机还是在现成的系统机上开发微机应用系统，由总线规范给出了传输线和信号的规定，并对存储器和 I/O 设备如何"挂"在总线上都作了具体的规定，降低了硬件设计的复杂性。

(3) 易于升级更新。在微机更新时，许多时候，不必全部废弃旧机子，而是直接更换主板及过时的部分零配件，以提高微机的运行速度和内存容量。比直接买新微机更经济。

(4) 系统扩充性好。一是规模扩充，二是功能扩充。

规模扩充仅仅需要多插一些同类型的插件；功能扩充仅仅需要按总线标准设计一些新插件，插入微机的扩充插槽中即可，这使系统扩充既简单又快速可靠，还便于查错。

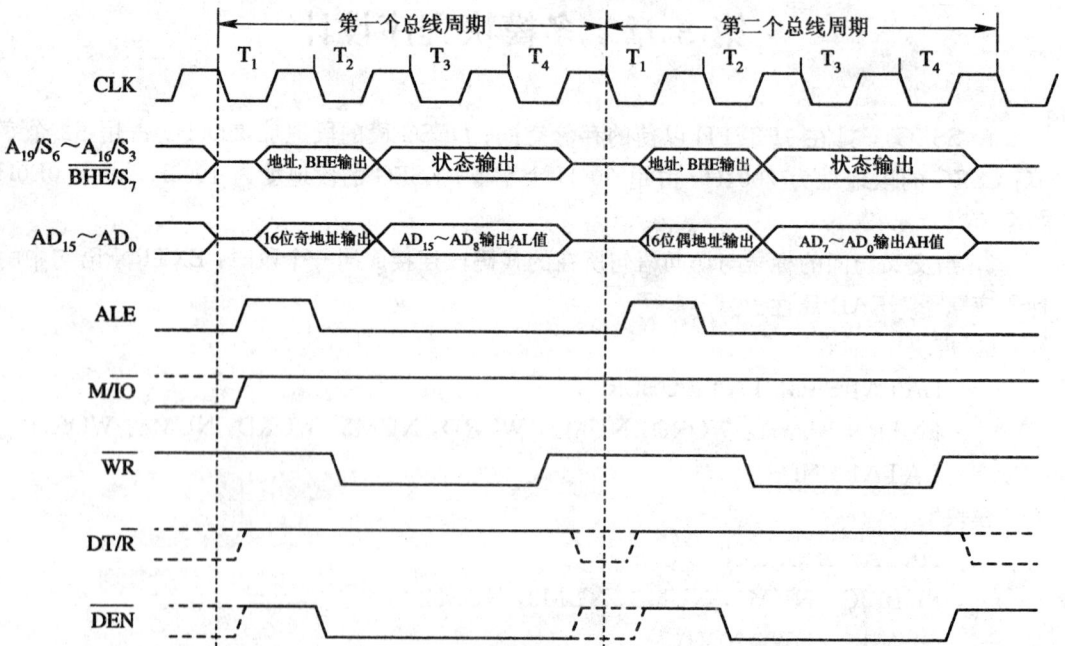

图 B.1

7. 高电平　低电平　高阻态

8. H

9. E

13. 系统加电或操作员按面板上的 RESET 键　高　0FFFFH　0　0FFFF0H

16. ALE　地　DT/$\overline{\text{R}}$　$\overline{\text{DEN}}$

18. 一　一　两

23. (1) 8086最小系统执行指令 MOV DATA+1，AX 时，没有等待周期的总线时序图如图 B.1所示。

24. T1　高　M/$\overline{\text{IO}}$　T1　低　T2

第7章　存储器系统

1. 构成 32 KB 存储器所需芯片数目、片内寻址及片选译码的地址线见下表所示。

RAM 芯片	需芯片数目	片内寻址地址线	片选译码地址线
1 K×1	256	$A_0 \sim A_9$，10位	$A_{10} \sim A_{15}$，6位
1 K×4	64	$A_0 \sim A_9$，10位	$A_{10} \sim A_{15}$，6位
4 K×8	8	$A_0 \sim A_{11}$，12位	$A_{12} \sim A_{15}$，4位
16 K×4	4	$A_0 \sim A_{13}$，14位	$A_{14} \sim A_{15}$，2位

3. 由首地址为 4000H 及容量为 32 KB 可知，该存储器中 RAM 的寻址范围为4000H～0BFFFH，则可用的最高地址为 0BFFFH。

5. 从图 7.5 可知，存储器选用高位地址线 $A_{10} \sim A_{15}$ 中的最高两位 A_{15} 和 A_{14} 作为译码输入，采用部分译码法形成片选控制信号，地址有重叠区。

4组 RAM 的基本地址分别为：

0000H～03FFH，4000H～43FFH

8000H～83FFH，0C000H～0C3FFH

每组的地址范围分别为：

0000H～3FFFH，4000H～7FFFH

8000H～0BFFFH，0C000H～0FFFFH

7. 要组成 8 KB RAM 区，共需 16 片 2114，译码关系((电路)如图 B.2 所示，连接方法与习题 5 的题图(图7.5)类同。

9. 不同档次的 PC 机因其使用的 CPU 的地址总线位数不同，其寻址能力也不相同，寻址范围等于 2^m 个字节，其中 m 为地址总线位数。不同 CPU 的寻址范围如表 B.1 所示。

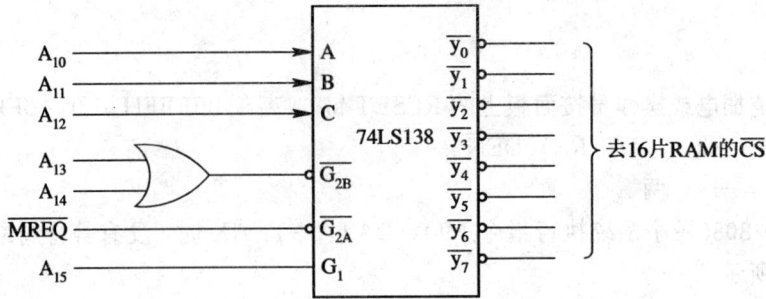

图 B.2　习题 7 的片选译码电路

表 B.1　不同 CPU 的寻址范围

CPU	数据总线位数	地址总线位数	寻址范围
8086/8088	8	20	1 MB
80286	16	24	16 MB
80386/80486	32	32	4 GB
Pentium	32	32	4 GB
Pentium Ⅱ/Ⅲ	32	36	64 GB

第 10 章　输入输出接口（1）

3. MOV AX, 1000

　　MOV DX, 1000H

　　OUT DX, AL

　　MOV AL, AH

　　OUT DX, AL

说明：此题若手工将 1000 化为十六进制数，则多此一举。

6. A)

7. 设备地址选片的方法有线选法和译码两种，在实际设计时，究竟采用哪种方法，要根据系统的规模大小来确定。一般来说，系统规模大的要用译码方法来选片，这样可以增加芯片数量。例如，三根地址线采用线选法只能选三片，而采用译码法就可以接八片，但需要增加译码器。译码器设计又分为全地址译码和部分地址译码，在系统规模允许下，部分地址译码可以简化电路，节省组件。

9. (1) 20　　　　(2) 1 M　　　　(3) 00000H ～ FFFFFH

　　(4) 16　　　　(5) 64 K　　　　(6) 0000H ～ FFFFH

　　(7) 10　　　　(8) 1 K　　　　(9) 000H ～ 3FFH

11. 外设与主机之间的联络及响应处理方式　　多外设管理方式

12. 程序直接控制传送方式　　程序中断控制方式　　存储器直接存取方式

15. 主机板上的接口逻辑　　系统总线　　具体外设的接口逻辑　　接口的软件和软件的接口

17. B) C) D)

20. C)

22. 在 PC 机中，有用于主机与外设之间数据传送的 DMA 控制逻辑，若在开发外设接口逻辑时，未将用于分辨 DMA 操作和 I/O 操作的信号 AEN 以低电平有效(I/O 操作)加入地址译码器，就会在其它设备与存储器之间进行 DMA 传输，或利用 DMA 机构进行动态存储器刷新时，在这个 I/O 端口地址译码器的输出端可能输出不应有的有效选择信号。而这个端口并不是 DMA 传输涉及的端口。为避免这种误操作，此时应将 AEN 加入 I/O 端口地址译码。但在不含 DMA 的微机系统中，不存在这个问题。

26. 中断向量表是用于存放中断服务程序入口地址的。每一种中断都有一中断类型号，CPU 得到此中断类型号，将之乘以 4，即查到中断向量表的一个地址，从这个地址开始的连续四个单元中存的就是这种中断的中断服务程序入口地址，将前两个单元中的偏移地址装入 IP，后两个单元的段地址装入 CS，CPU 就转去执行中断服务程序了。

29. (1) 设立必要的中断源，确定它们提出的中断请求的方式。

(2) 根据急迫程度的不同，规定好中断源的优先级别，以确定当几个中断源同时请求时，处理机能有一个先后响应次序。

(3) 当处理机响应中断后，需要把被中断程序的现场，断点保存起来，以便中断处理结束后能返回原程序。

(4) 中断服务程序设计。

(5) 恢复现场，返回原程序。

33. C)

38. 能返回，但存在的问题是未能弹出中断前压栈的 PSW，无法恢复至中断前的计算机状态。

40. 内部中断　　可屏蔽中断　　非可屏蔽中断

44. B)

46. (1) A)　　　　(2) B)　　　　(3) C)

48. (1) 以串形方式进行传输的标准

(2) CRT 终端

(3) 调制解调器

(4) 负

(5) −5 V 至 −15 V

(6) +5 V 至 +15 V

52. C)

57. (1) D　　　　(2) H　　　　(3) L

(4) K　　　　(5) I

第 11 章　输入输出接口（2）

1. 10　　5　　3
3. 可靠
5. 时间 数量
7. A)
8. B)
10.

```
            MOV DI，0
            MOV CX，80
    BEGIN：IN AL，51H
            TEST AL，02H
            JZ BEGIN
            IN AL，50H
            MOV BUFF[DI]，AL
            INC DI
            IN AL，51H
            TEST AL，00111000B
            JNZ ERROR
            LOOP BEGIN
            JMP EXIT
    ERROR：CALL ERR_ROUT
    EXIT：…
```

13. 长距离线路　　电话网　　调制解调器

17. CRT 显示器缓存与屏幕显示间的对应关系：

(1) 缓存容量为 $64 \times 25 = 1600$ B。

(2) ROM 容量为 $64 \times 8 = 512$ B。

(3) 缓存中存放的是待显示字符的 ASCII 代码。

(4) 显示位置自左至右，从上到下，相应地缓存地址由低到高，每个地址码对应一个字符显示位置。

(5) 点计数器 8:1 分频；字计数器 $(64+12):1$ 分频；行计数器 $(8+6):1$ 分频；排计数器 $(25+10):1$ 分频。

18. (1) RAM 存储器是存储字符的编码，因为一屏可显示 $32 \times 12 = 384$ 字，每个汉字的编码占 2 个字节，所以 RAM $= 64 \times 12$ byte $= 768$ byte。

(2) ROM 存储器是存储汉字的点阵信息，因为总共可显示 3000 个汉字，每个字以 11×16 点阵组成，所以 ROM $= 3000 \times 11 \times 16$ bit $= 3000 \times 22$ byte $= 66\,000$ byte。

(3) 排计数器：汉字可显示 12 排，通常上下边缘区因失真较大而各留 2 排不显示，所以一共是 16 排，则排计数器是 4 位。

行计数器：每个汉字点阵占 16 行，两排字间隔 4 行，故一排汉字共用 20 行，则行计数器最多计到 20，需要用 5 位。

字计数器：每排 32 个字，左右两边缘因失真共留 4 个字空闲，水平回扫占扫描时间的 20%约 9 个字符时间，故字计数最多计到 45，则字计数器需用 6 位。

点计数器：每个字节的点阵是 11 列，加上间隔1点，共12点，故计数器为4位。

这样的时钟频率为16×20×45×12×50＝8 640 000 Hz＝8.64 MHz。

另一方面，题目限定行频可在60～70 μs 之间，其中包括了20%的回扫时间，即正扫时间＝(60－70)×80%＝48－56 μs，回扫时间＝(60－70)×20%＝12～14 μs 在(48～56)μs 内安排(36×12)个像元的时间是(48～56)/432＝(0.111 11～0.129 63)μs，则频率为9～7.72 MHz，这个范围包括了上面所计算的 8.64 MHz。

上面的分析将一屏分为 16 排，每排 20 行，一共是 320 行，这个数是非标准数值(如果按标准行数，则要适当调整)。

23. (1) MOV AH, 00
　　 MOV AL, 02
　　 INT 10H
　 (2) MOV DH, 4
　　 MOV DL, 0
　　 MOV AH, 02
　　 INT 10H
　　 MOV AH, 6
　　 MOV AL, 10
　　 MOV BH, 07
　　 MOV CX, 00
　　 MOV DX, 184FH
　　 INT 10H
　 (4) MOV A H, 9
　　 MOV AL, '＊'
　　 MOV BH, 0
　　 MOV BL, 87H
　　 MOV CX, 10
　　 INT 10H

25. 78 6432。

26. 94.372 MHz。

30. (1) 主机通过输出指令或传送指令向接口指定磁盘驱动器台号。

(2) 查询该台磁盘是否可调用，如可调用则执行第(3)步。

(3) 通过输出指令向接口送出圆柱号，并启动寻道，然后可继续执行主程序，等待第一次中断请求。

(4) 找到磁道，向主机发出第一次中断请求，通过中断服务判别寻道是否正确，如不正确，重新定标再寻道。

（5）如正确，主机通过输出指令向接口送出磁盘起始扇区号和扇区计数值，送出相应主存首址，然后启动读或写工作模式，返回主程序。

（6）当找到起始扇区后，穿插安排DMA传送。

（7）批量传送结束，接口向主机提出第二次中断请求，通过中断服务程序，取回状态字，判传送过程有无错误，如有错，转出错处理，否则调用过程结束。

39. TITLE SWRITE. ASM - - - -   - - - - Write squential recordas

```
dseg        segment
            fcb     equ     5ch
            org     6ah
    recsz   dw      ?
            org     7ch
    recno   db      ?
            org     7eh
    maxlen  db      32
    actlen  db      ?
            org     80h
    dta     db      32dup(' ')
    prompt  db      'please input name_age_tel. '
    crlf    db      0dh, 0ah, '$'
    errmsg  db      'error! '
dseg        ends
```

```
cseg        segment
main        proc    far
            assume  cs：cseg, ds：dseg
start：      push    ds
            sub     ax, ax
            push    ax
            mov     dx, fcb
            mov     ah, fcb         ; create file func
            int     21h
            cmp     a1, 0
            jnz     error           ; create file error
            mov     recsz, 32       ; record size
            mov     recno, 0        ; record number
            lea     dx, dta         ; set address of DTA
            mov     ah, lah
            int     21h
disp：       push    ds
```

```
                mov     ax, dseg            ; set DS to dseg
                mov     ds, 09h
                lea     dx, prompt
                int     21h
                pop     ds
    input:      lea     dx, maxlen          ; input record
                mov     ah, 0ah
                int     21h
                cmp     actlen, 1
                jle     exit                ; no chars input
                mov     bl, actlen
                mov     bh, 0
                mov     [dta+bx+1], 0ah     ; insert LF
    write:      mov     ah, 15h             ; squent write func
                mov     dx, fcb
                int     21h
                cmp     al, 0

                jnz     error
                cld
                lea     di, dat             ; clear DTA with
                mov     al, 20h             ; space
                mov     cx, 32
                rep     stosb
                push    ds
                mov     ax, dseg
                mov     ds, ax
                lea     dx, crlf
                mov     ah, 09h             ; display CR/LF
                int     21h
                pop     ds
                jmp     input               ; get another    record
    exit:       mov     dta, 1ah            ; set EOF    mark
                mov     ah, 15h             ; write EOF
                mov     dx, fcb
                int     21h
                cmp     al, 0
                jnz     error
                mov     ah, 10h             ; close file func
```

```
                mov     dx, fcb
                int     21h
                ret
error:          push    ds
                mov     ax, dseg
                mov     ds, ax
                lea     dx, errmsg          ; display error
                mov     ah, 09h             ; message
                int     21h
                pop     ds
                ret
main            endp
cseg            endg
```

```
                end     start
```

这个程序利用顺序的 DOS 功能调用15H，将数据传输区(DTA)中的记录写入磁盘。编写程序时，需要注意的是数据段寄存器 DS 的切换，因为 FCB 和 DTA 都在程序段前缀(PSP)中，FCB 开始于5CH，DTA 开始于80H。当程序被装入存储器时，操作系统使 DS 指向 PSP，因此读写文件时，程序访问 PSP 中的 FCB 和 DTA 的内容就直接使用 DS 的初始值，但要访问数据段中的内容，如显示提示信息和出错信息等就必须把 DS 切换为数据段的地址。

运行此程序时，同时写上电话记录的文件名(如 tellist txt)，这样文件名就填入了FCB。

C>swrite tellist. txt

文件写入磁盘后，可用 TYPE 命令检查刚输入的记录：C>type tellist. txt

输出寄存器空

附录 C 《微机原理与系统设计》课程模拟试题

一、填空题(每空 1 分,共 16 分)

1. 设机器字长为8位,若$[2X]_{补}$=80H,则 X=_____ D。

2. 若(DS)=0200H,(SS)=0150H,BUF 为在 DS 段定义的一个字变量,且偏移地址为 0010H,(BX)=0005H,(BP)=0005H,(SI)=0003H,存储器(02018H)=1234H,(01518H)=5678H,则 CPU 执行:

  mov ax, BUF[bx][si] 指令后,(ax)=_____。

  mov ax, BUF[bp+03H] 指令后,(ax)=_____。

3. 设(SS)=1FFFH,(SP)=30H,CPU 执行:

$$PUSH\ AX$$
$$PUSH\ BX$$

指令组后,栈顶单元的地址为_____。

4. 8086CPU 由_____和_____两个独立的功能单元组成。

5. 在主机板外开发一些新的外设接口逻辑,这些接口逻辑的一侧应与_____相接,另一侧与_____相接。

6. 8086CPU 的控制标志位(IF,TF,DF)不可用指令直接操作的是_____。

7. 已有宏定义:

FOO   MACRO P1, P2, P3
MOV   AX, P1
P2   P3
ENDM

欲将其宏展开成:

$$MOV\ AX,\ VAR1$$
$$INC\ CX$$

则宏调用指令应写成_____。

8. 段内子程序中的 RET 6 指令执行后,(SP)增加量为_____。

9. 执行中断指令 INT 10H,可从中断向量表的地址为_____H 单元读出内容送 IP,从地址为_____H 单元读出内容送 CS。

10. 8086 CPU 执行 JZ L1指令时(IP)=0100H,若相对位移量 disp=0FDH,则转移目的地的(IP)=_____H。

11. 8086 CPU 复位后，(CS)=_____，(IP)=_____。

二、单项选择题（每题1分，共10分）

1. ADD AX，12[BP] 指令中，求源操作数的物理地址时，要使用段寄存器（   ）。

(1) CS   (2) DS

(3) SS   (4) ES

2. 任何情况下，执行 XOR 指令后，状态标志一定有（   ）。

(1) $ZF=1$ (2) $CF=0$

(3) $OF=1$ (4) $SF=0$

3. 字符串操作指令中，目的串的地址取自于（   ）。

(1) DS：SI   (2) DS：DI

(3) ES：SI   (4) ES：DI

4. 与 NOT AX
　　　 NEG AX
指令组执行后，有相同的 AX 内容的指令是（   ）。

(1) DEC AX   (2) INC AX

(3) SUB AX，AX   (4) ADD AX，AX

5. 8086 CPU 对存储器操作的总线周期的 T1状态，$AD_0 \sim AD_{15}$引脚上出现的信号是（   ）。

(1) 地址信号   (2) 数据信号

(3) 控制信号   (4) 状态信号

6. 8086 CPU 工作在最大方式时，产生$\overline{IOR}$、$\overline{IOW}$信号的器件是（   ）。

(1) 8086   (2) 8255

(3) 8288   (4) 8284

7. 将十进制数75以压缩（组合）BCD 码格式送入 AL 中，正确的传送指令是（   ）。

(1) mov AX，0075   (2) mov AX，0075H

(3) mov AX，0705   (4) mov AX，0705H

8. 已知 ARRAY DW 30 DUP(0)，执行指令 MOV DX，SIZE ARRAY－LENGTH ARRAY 后，(DX)是（   ）。

(1) 30   (2) 60

(3) 58   (4) 28

9. 将 DX 中的带符号数除以4，指令或指令组使用正确的是（   ）。

(1) SAR DX，2   (2) SHR DX，4

(3) MOV CL，2   (4) MOV CL，4
　　 SAR DX，CL   SAR DX，CL

10. 4 片 8259 级联工作，可管理的外中断源的级数为（   ）。

(1) 4   (2) 32

(3) 28   (4) 29

三、多项选择题（每题2分，共8分）

1. 能使（AX）＝0 且 CF＝0 的指令有（ ）。
(1) MOV AX, 0   (2) SUB AX, AX
(3) CMP AX, AX   (4) XOR AX, AX
(5) AND AX, AX

2. 指令有错的有（ ）。
(1) ADD SI, 0A4H   (2) SUB [SI], DT1[BX]
(3) OUT 16A4H, AL   (4) OR CS, AX
(5) MUL 2346H

3. 使用 AL 寄存器的指令有（ ）。
(1) SAHF   (2) DAA
(3) STOSB   (4) XLAT
(5) MOVSB

4. 已有   DATA SEGMENT
          ARRAY DW 50 DUP(?)
          DATA ENDS
源操作数是立即数寻址的指令为下列指令中的（ ）。
(1) MOV AX, DATA   (2) MOV AX, [1234H]
(3) MOV AX, LENGTH ARRAY   (4) MOV AX, SEG ARRAY
(5) MOV AX, ARRAY

四、简答题（共12分）

1. ASSUME 指令的作用是什么？（3分）

2. 8086 CPU 的 MN/$\overline{\text{MX}}$引脚的作用是什么？（3分）

3. 在某8086 CPU 组成的微机系统中，配置了一片8259中断控制器，且已初始化为正常完全嵌套方式，IR_0～IR_7级均未屏蔽，若在 CPU 处于开中断期间，IR_2级有中断请求，CPU 在对 IR_2级服务期间已开中断，且在对该级未服务结束之前，IR_0和 IR_5级同时有中断请求，请画出（或叙述）CPU 响应中断的过程。（3分）

4. 在用 DEBUG 的 T 命令单步跟踪用户程序时，若单步跟踪到了 INT 21H 指令，应如何处理？（3分）

五、程序阅读题（共16分）

1. START: MOV AX, 00C0H
        MOV DS, AX
        MOV BX, 0500H
        MOV CX, 0010H
   AGAIN: MOV [BX], BL
        INC BL

```
            LOOP AGAIN
```
在上述指令串执行后，画图表示出物理地址为0110AH～0110FH 的各单元存放的内容。(4分)

```
  2. DABUF DB 09H，05H，04H
                  ⋮
                  MOV BL，2
      NEXT：      MOV CX，3
                  XOR SI，SI
      AGAIN：     MOV AL，DABUF[SI]
                  AND AL，0FH
                  OR AL，30H
                  MOV AH，02H
                  MOV DL，AL
                  INT 21H
                  INC SI
                  LOOP AGAIN
                  DEC BL
                  JNZ NEXT
```
指出该程序段完成的功能。(4分)

  3. 已有 BUF DB 0DH 定义，分析下列程序段：

```
           ⋮
      MOV AL，BUF
      CALL FAR PTR HECA
  OK：
           ⋮
      HECA   PROC FAR
             PUSH AX
             CMP AL，10
             JC K1
             ADD AL，7
      K1：   ADD AL，30H
             MOV DL，AL
             POP AX
             RET
      HECA   ENDP
```
问：(1) 写出子程序 HECA 的说明文件。(2分)

　　(2) 程序执行到 OK 处，(DL)=_____H。(2分)

  4. 有程序段：

```
      MOV DX，5678H
```

```
       MOV BX, 1234H
       PUSH BX
       PUSH DX
       PUSH BP
       MOV BP, SP
       MOV AX, [BP+4]
       POP BP
       POP DX
       POP BX
```

指出该程序段执行后(AX)=＿＿＿＿＿H。(4分)

六、硬件设计应用题(共36分)

1. 某以8086 CPU 工作在最小方式组成的微机系统中,需配置 SRAM 存储系统电路。若 SRAM 芯片如下图所示,且当 CS=0,WE=0,可将 $D_0 \sim D_7$ 写入 $A_0 \sim A_{10}$ 的单元中;当 CS=0,WE=1时,可读出数据,试利用这样的 SRAM 芯片构成内存区 A0000H～A0FFFH。

(1)画出连接线路图。(6分)

(2)若要将数据 0AAH 写满 A0000H～A0FFFH 的每个单元,试编此程序。(6分)

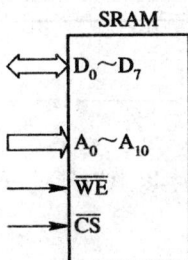

2. 某一 A/D 变换器的电原理图及主要工作时序如下图所示。

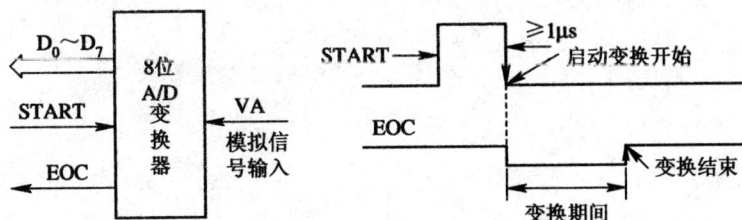

(1)若分配给 8255A 的端口地址为 2F0H～2F3H,试将此 A/D 变换器通过 8255A 与 PC/XT 系统总线连接起来。(6分)

(2)编写包括 8255A 初始化在内的对模拟输入信号采集变换一次的程序,并将变化后

的数据存入 DL。（6分）

3. 8088 系统总线与 8254 电原理图如下图所示。

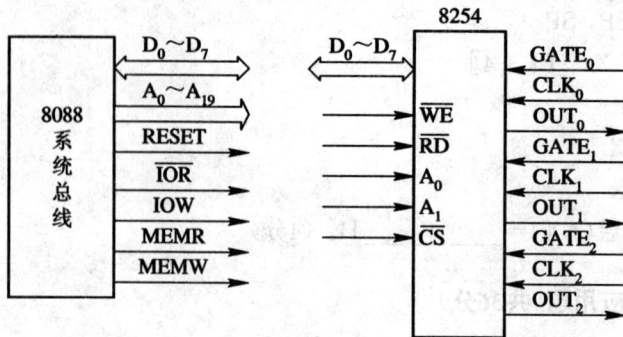

若 8254 芯片可利用的外设接口地址为 0FFFCH～0FFFFH，加到 8254 CLK0 上的时钟信号为 2 MHz。

(1) 试画出 8254 与 8088 系统总线的连接图。（6分）

(2) 若希望在 8254 的 OUT 端每 1 s 产生一负脉冲，波形如下：

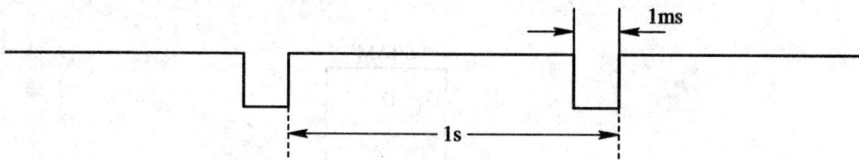

试编写包括 8254 初始化在内的能产生以上波形的程序。（6分）